KB154397

에이다, 당신이군요. 최초의 프로그래머

에이다, 당신이군요. 최초의 프로그래머

컴퓨터 탄생을 둘러싼 기이하고 놀라운 이야기

지은이 시드니 파두아
옮긴이 홍승효

1판 1쇄 펴냄 2017년 7월 21일
1판 4쇄 펴냄 2021년 10월 15일

본문디자인 김숙희
펴낸곳 곰출판
출판신고 2014년 10월 13일 제2020-000068호
전자우편 walk@gombooks.com
전화 070-8285-5829
팩스 070-7550-5829

ISBN 979-11-955156-7-7 03400

이 도서의 국립중앙도서관 출판예정도서목록(CIP)은 서지정보유통지원시스템 홈페이지(http://seoji.nl.go.kr)와 국가자료공동목록시스템(http://www.nl.go.kr/kolisnet)에서 이용하실 수 있습니다.(CIP제어번호: CIP2017013023)

에이다, 당신이군요. 최초의 프로그래머

컴퓨터
탄생을 둘러싼
기이하고
놀라운 이야기

시드니 파두아 지음
홍승효 옮김

곰출판

어머니께 바칩니다.

언제, 어디서, 어떻게 이 영감을 얻었는지 지금 얘기할 필요 없다.

— **찰스 배비지** '어느 철학자의 인생에서 듣는 이야기들Passages from the Life of a Philosopher'

"가장 현명한 최고의 남성은, 아니 그보다는, 가장 현명한 최고의 행동은 삶의 첫 번째 목표가 농담인 사람들에게 조롱거리가 될 수 있다."

— **제인 오스틴** '오만과 편견Pride and Prejudice'

서문

2009년 봄, 런던 어딘가의 선술집에서 나는 에이다 러브레이스Ada Lovelace의 아주 짧았던 생애를 담은 짤막한 웹툰을 그리기로 결심했다. 그 자리에 같이 있던 친구 수Suw의 제안이었는데, 그녀는 당시(그리고 현재도) 해마다 열리는 '여성기술인 가상 페스티벌'의 기획자였다. 내가 막연히 안다고 생각했던 역사적 인물, 러브레이스의 이름을 딴 페스티벌이었다.

누구라도 그랬겠지만, 나는 위키피디아에서 "에이다 러브레이스"를 검색했다. 1830년대에 찰스 배비지Charles Babbage라는 괴짜 천재가 아슬아슬하게 컴퓨터 발명에 실패한 과정과 바이런 경Lord Byron의 딸이 이 가상 컴퓨터에 대한 상상의 프로그램을 어떻게 작성했는지에 관한 낯선 이야기들이 담겨 있었다. 진실이라고 보기 어려울 만큼 기묘한 인물과 시적인 미사여구로 가득 찬 너무나도 놀라운 이야기였다. 그러나 이 이야기의 결말은 지루한 현실로 전락했다. 러브레이스는 요절했다. 배비지는 초라한 노인으로 생을 마쳤다. 증기력으로 움직이는 거대한 컴퓨터는 결코 존재하지 못했다. 내 짧은 만화의 결말로 삼기에 이 사실은 너무나 암울했다. 그래서 더 낫고 훨씬 신나는 만화 속 세상에서 살아가는 두 사람을 상상하면서 다른 결론으로 마무리했다.

바이런 경은 『차일드 해럴드의 순례』를 출간하자마자 "어느 날 아침 눈을 뜨니 유명해졌더라" 하고 말했다. 나도 어느 날 아침 눈을 뜨니 인터넷에서 미미하나마 클릭해볼 만한 사람이 되어 있었다. 충분히 당황스러운 일이었다. 뜻밖에도 나는 에이다 러브레이스와 찰스 배비지의 모험담을 웹툰에 담으려는 사람으로 유명해져 있었다. 거의 모든 사람이 내가 그린 결말의 대안 세상이 농담이라는 것을 알지 못했다.

난 정말이지 러브레이스와 배비지의 만화를 그리려는 의도 따윈 없었다. 우선 나는 만화가가 아니다. 또 빅토리아 시대의 역사와 과학과 수학에 대해 아무것도 몰랐다. 컴퓨터와 나의 관계는 이따금 노골적으로 적의를 품는, 내키지 않는 휴전 상태로 묘사할 만하다. 하지만 그림이 그리웠다. 컴퓨터 애니메이션 분야로 마지못해 옮기기 전까지 나는 수년 동안 손으로 그림을 그리는 애니메이션 제작자였다. 그래서 틈틈이 아이디어를 끼적이기 시작했고 웹툰을 그리는 일이 훨씬 심각해 보이는 다른 작업을 하지 않기 위한 최상의 방법임을 알게 되었다. 아니 그보다, 내가 질질 끌던 만화 작업을 미룰 수 있는 최상의 방법이 자료조사임을 깨달았다.

그 과정에서 나는 치명적인 사랑에 빠졌다. 배비지의 자서전을 읽은 뒤, 픽윅(찰스 디킨스 작품『픽윅 페이퍼스』의 주인공—옮긴이)과 토드(케네스 그레이엄 작품『버드나무에 부는 바람』속 인물—옮긴이), 돈키호테와 레오나르도 다 빈치를 섞어놓은 인물의 무력한 노예가 되고 말았다. 또 러브레이스의 편지를 세세히 읽고는, 그녀와 악수하고 포옹하고 가두행진을 벌이고 싶어졌다. 나아가 연속적인 기계장치와 기어로 뒤얽힌, 경이롭고 신비하며 실재하지 않는 해석기관Analytical Engine에 매혹당했다. 순수하고 사심 없는 모든 연인처럼, 아낌없이 전하고 싶은 마음이 내 안에 흘러넘쳤다. 내 영웅들이 얼마나 대단하고 매력적이며, 부당하게도 제대로 인정받지 못했는지를 모든 사람들이 알아야만 했다! 그 사실을 일깨워주는 자료를 발굴하는 기쁨을 모두와 공유해야만 했다! 그렇게 나는 영국 도서관에서『컴퓨터 사용 역사 연보Annals of the History of Computing』에 실린 기술 논문들 가운데 쓸 만한 농담들을 모으려고 애쓰기 시작했다.

수백 쪽이 넘는 만화를 그리고 나자, '러브레이스와 배비지의 흥미진진한 모험'에 대한 만화를 그리지 않겠다고 우기기가 다소 어려워졌다. 이런 만화가 있다면 어떤 모습일지 나는 이미 아주 상세하게 상상하고 있었다.

그렇게 가상의 컴퓨터에 대해 상상하는 만화가 탄생했다.

차례

1장

에이다 러브레이스 :
비밀의 근원!

찰스 배비지의 차분기관

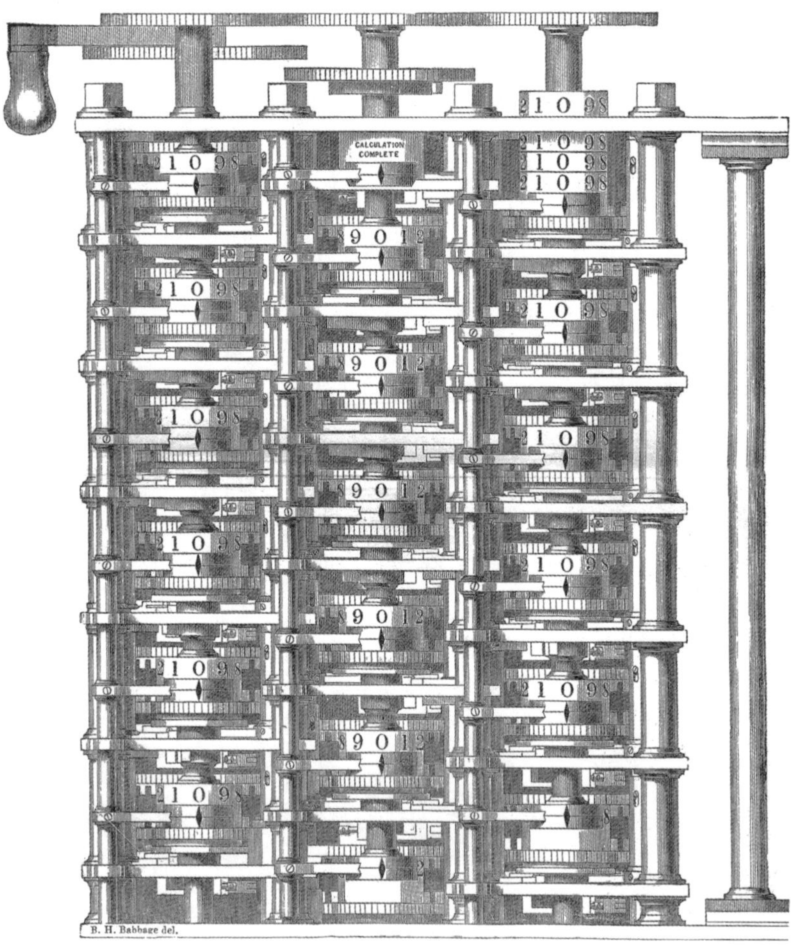

배비지가 고안한 차분기관(계산기) 1호의 부분.
정부 재산으로 서머싯 하우스 소재 킹스 칼리지 박물관(p. 158)

찰스 배비지의 첫 번째 계산기인 차분기관에서
유일하게 작동했던 부분에 대한 판화.
『과학과 유용한 기술 분야의 발명가와 발견자 이야기』
(John Timbs, 1860)에서 인용.
작가 개인 소장.

!!!!!!!! Triumphant Debut of !!!!!!!!

ADA
Countess of
Lovelace.
THE
SECRET ORIGIN!

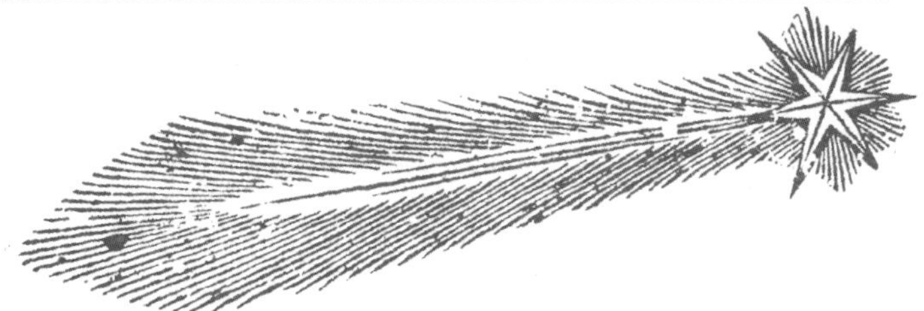

WITH the Celebrated and Ingenious Mechanician, Professor

CHARLES BABBAGE,

ESQ., M.A., F.R.S., F.R.S.E., F.R.A.S., F. STAT. S., HON. M.R.I.A., M.C.P.S., INST. IMP. (ACAD. MORAL.), PARIS CORR., ACAD. AMER. ART. ET SC. BOSTON, REG. OECON. BORUSS., PHYS. HIST. NAT. GENEV., ETC.

and his

Wonderful Calculating Machine,

The Tragical Conclusion Marvelously Averted by the Formation of

A POCKET UNIVERSE

to Be the Scene of Diverse Amusing & Thrilling Adventures,

With Humorous CUTS and Other PICTORIAL Embellishments!

✿ 급진주의자이자 모험가에 호색한이던 시인 조지 고든 바이런(1788~1824)[1]을 그의 여러 연인 중 하나인 캐롤라인 램은 "미치광이에 악당이며 알아봤자 위험하다"고 묘사했다.

✿ 앤 이사벨라 밀뱅크(1792~1860)는 매우 도덕적인 복음주의 기독교인이었으며 노예제도에 반대하는 유명한 활동가였다. 명민한 아마추어 수학자이기도 했는데 바이런은 그녀를 "평행사변형의 공주"라고 불렀다. 결혼 당시 앤은 22세, 바이런은 26세였다.

✿ 놀랍게도, 에이다의 교육은 이사벨라의 생각대로 되지 않았다.[2]

✿ 바이런 부인은 에이다가 세 살 되던 해 유모에게 이렇게 말했다. "무엇보다 아이에게 항상 진실을 말해주셔야 합니다. … 머릿속에 환상을 심어줄 만한 터무니없는 이야기는 절대 하지 마세요." 일생 동안 에이다는 아버지의 "시적인" 영향력의 징후를 보이지는 않는지 면밀히 감시당했다.[3]

✿ "불확실성이 아니라 확실성"은 에이다의 가정교사 중 한 명인 윌리엄 프렌드[4]가 한 말에서 인용했다. 나는 세 번이나 재확인하고서야 그가 그토록 자기 성격과 꼭 맞는 말을 썼다는 사실을 믿을 수 있었다. 프렌드는 굉장히 보수적인 수학자여서 음수negative number를 믿지 않았다. 심지어 허수imaginary number는 다루기조차 거부했다.

✿ 에이다의 훈육은 엄격하고 외로웠다.[5] 그녀는 자세를 완벽하게 만들어주는 "기대는 널빤지"에 누워 수업을 받았다. 손가락 하나라도 꼼지락거리면 검은 주머니에 손이 묶인 채 옷장 속에 갇혔다. 겨우 다섯 살 때였다.

그래서 늑대…가 아니라 과학자들과 수학자들에게 길러진 에이다는 인간 계산기로 변신했다!

그러는 사이, 대단한 천재 발명가 찰스 배비지는 인간을 대신할 급진적인 계산 기계를 만들어내려 분투하고 있었다!

✿ "독창적인 수학자로 성장할 가능성"은 에이다의 스승이던 위대한 논리학자, 오거스터스 드모르간[6]이 한 말에서 인용했다.(그가 이 말을 한 때는 에이다가 스물일곱 살이던 훨씬 더 나중의 일이다. 이 말이 적힌 매혹적인 편지는 부록1에 실었다.)

✿ 찰스 배비지[7]는 케임브리지 대학의 루커스 석좌교수이자 통계학회 설립자였고, (1832년 〈리터러리 가제트〉에 따르면) "대수의 프랑켄슈타인"이었다. 당대에 저명인사였던 배비지는 훌륭하지만 이해할 수 없는 미완성 계산기계의 발명가로 유명했다. 오늘날 그는 컴퓨터의 발명가로 가장 유명하다.

✿ 하인이 정부 보조금과 배비지의 난처한 관계를 넌지시 언급하고 있다.[8]

자신의 야망이 부과한 무게에
머리가 짓눌리자, 그는 지금도 바닥나고
건강도 상한 나머지 필생의 목적을
달성하는 일을 거의 포기하고 만다.

세상의 무시 때문에
지친 몸이 더 욱신거리는군.

게다가 거리의
악사가 끊임없이 괴롭혀!!!
세계에서 가장 작은 바이올린

불길하게도, 어린 에이다는 시와 관련이
있다고 알려진 증상을 보이기 시작했다.
상상하기 시작한 것이다!
INK

그녀의 독학은 남녀 사이 화학반응까지
확장됐지만…
키득!
킥득!

에이다!
아버지에게
물려받은 병적인
성향을 없애지
못했구나.

✿ 배비지가 자신에 대해 하는 말은 그의 소논문『1851년의 박람회』에서 (원문 그대로) 인용했다.[9]

✿ L. A. 톨러마치는〈맥밀런 매거진〉 1873년 판에서 "보통 영국인들에게 배비지의 이름은 단지 계산기와 거리의 음악가를 모호하게 합쳐놓은 존재를 의미했다"라고 적었다. 나는 전 세계 국민들을 이 행복한 상태로 되돌리길 희망한다.

✿ 열세 살 때, 에이다는 비행기에 사로잡혀 도표를 그리고 까마귀 날개를 해부했다.

✿ 열여섯 살 때는 속기 교사와 관계를 가졌지만 그녀의 결혼을 위해 작성된 법적 문서에 따르면 "~~삽입을~~ 관계를 완전히 하지 않았다"고 한다. 이 시점에서 다음 의문이 떠오르는 건 어쩔 수 없다. 젊은 귀족 아가씨가 속기를 배웠다고? 왜?[10]

✿ 맨 위 칸 에이다의 말은 그녀가 1834년에 가정교사 윌리엄 킹 박사(그녀에게 설교를 전하던 성직자였으며 바이런 부인에게 불쾌한 생각을 자극하지 않을 만한 주제로 수학을 제안한 사람이다)에게 보낸 편지에서 발췌했다. 어머니가 뽑은 보수적인 늙은 수학자들을 순식간에 능가하게 된 에이다는 스스로 스승을 찾기 시작했다. 킹은 "당신의 의문들이 곧 저를 어리둥절하게 만들 겁니다"라고 인정했다.

✿ 킹에게 보낸 편지에서, 에이다는 유클리드 기하학에 대해 이렇게 썼다. "제가 명제를 안다고 생각하지 않습니다. 혼자 허공에 수치를 그려내고 어떤 책도 참고하지 않고 작도할 수 있을 때까지는요."

✿ 1843년에 어머니에게 보낸 편지에는 다음과 같이 썼다. "언젠가 [바이런이] 낭비한 천재성을 인류에게 보상하고픈 야심이 있다고 말했죠. 그가 천재성을 제게 조금이라도 물려줬다면, 저는 그것을 위대한 진리와 원리를 밝혀내는 데 쓰겠어요. 그가 제게 이 과업을 남겼다고 생각해요."

✿ 메리 서머빌은 저명한 과학 저술가이자 수학자였다. 옥스퍼드 대학의 첫 여성 칼리지는 그녀의 이름을 따서 명명했다. 그녀는 러브레이스와 배비지의 가까운 친구였으며 한층 고차원적인 수학에 관해 러브레이스와 자주 편지를 주고받았다. 여러 면에서 러브레이스와는 정반대로 서머빌은 어렸을 때 수학 공부를 금지당했다. 그녀의 부모는 여자의 몸으로는 수학을 감당할 수 없다고 생각했다.(몇십 년 뒤 오거스터스 드모르간 역시 에이다에 대해 같은 우려를 표했다.) 서머빌은 회고록에서 아버지가 한 말을 예로 든다. "우리가 그 일을 멈춰야 합니다. 그러지 않으면 조만간 메리가 미쳐버릴 거에요." 그녀는 몰래 공부하기 위해 침실에 촛불을 숨겨 갔다.[11]

1833년 6월 5일
… 새로운 부류의 사실들을 설명하기 위해 필요한 요소가 이미 기존 체계에 포함돼 있습니다.
… 자기력선이 물리적으로 존재한다고 가정할 때 위험은 …
… 조개삿갓이나 육경이 있는 만각류는 계통적인 관점에서 무시되었습니다.
… 만약 궤도에서 자전 각속도 대 각속도의 비가 …
화학 기호의 사용 여부는 분명 문제가 아닙니다. 아니면 곧 문제가 아니게 될 것입니다 …
캐롤라인 허셜
윌리엄 휴얼
존 허셜
마이클 패러데이
찰스 다윈
해리엇 마티노
엘리자베스 개스켈
앨프리드 테니슨 경
찰스 휘트스톤
찰스 디킨스
플로렌스 나이팅게일
메리 서머빌
오거스터스 드모르간
그들이 전파되는 매질의 입자 위에 에테르의 파동 작용이 …
웰링턴 공작
… 기상학적 징후를 기록하는 새로운 방법 …
… "경탄할 만한" 기관이 해골에서 매우 확연히 드러납니다 …

✿ 찰스 배비지는 런던의 거대한 저택에서 당대 권위자 수백 명이 참석하는 파티[12]를 열기로 유명했다. 저널리스트인 해리엇 마티노는 "모두가 그의 영예로운 파티에 가고 싶어 했다"고 전한다. 배비지의 친구인 앤드루 크로스 부인은 "초대 받으려면 세 자격 조건(지력, 아름다움, 계급) 중 하나가 꼭 필요했다. 그중 하나라도 없으면 크로이소스(리디아 최후의 왕으로 굉장한 부자였다고 함—옮긴이)처럼 엄청난 부자라도 입장할 수 없다고 들었다"라고 회고했다.(배비지에겐 많은 미덕이 있지만 광팬인 나조차도 그가 완전히 우월의식에 빠진 사람이었음을 인정할 수밖에 없다.) 위에 나온 사람들은 모두 배비지의 친구다. 그들이 동시에 같은 파티에 온 적이 있는지는 확실치 않다.

✿ 배비지의 응접실에서 눈에 띄는 거주자는 은으로 만든 자동인형이었다.[13] "… 감탄스러운 발레리나, 그녀의 오른손 손가락 위에는 새가 앉아 있다. 그 새는 꼬리를 흔들고 날개를 퍼덕이며 부리를 벌린다. 이 숙녀는 아주 매혹적으로 점잔을 뺀다. 상상력으로 가득 찬 눈동자는 거부할 수 없을 만큼 매력적이다."

✿ 배비지가 하는 말은 그의 자서전에서 고쳐 적었다.

✿ 배비지의 응접실에 기거하던 태엽장치가 달린 다른 장비는 1832년에 만들어진 차분기관 1호의 일부분이었다. 이 기계식 계산기는 그가 끝까지 완성해낸, 제대로 돌아가는 유일한 장치였지만 그마저도 수표를 계산하고 인쇄하는 거대한 기계가 투영된 설계의 작은 일부분이었을 뿐이다. 런던과학박물관에 이 아름다운 물건이 전시돼 있다. 배비지가 설계한 차분기관은 2000년에 와서야 마침내 완전히 구축되었다.

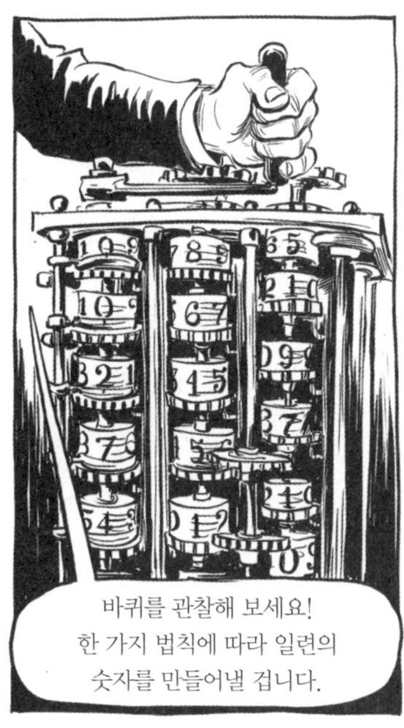
바퀴를 관찰해 보세요!
한 가지 법칙에 따라 일련의
숫자를 만들어낼 겁니다.

그건 불가능해. 이 구조에서,
이 기계는 어떤 숫자도
만들어낼 수 없어!

이 기관은 영원히
개조되지 않고
이 일련의 작업을 계속할
것으로 보입니다.

하지만 아하! 여러분 중 수학자는
예상치 못한 결과를 눈치 챌 수도 있죠.
어떻게 그런 일이? 어떻게 기계가
아무런 개입 없이
변이를 만들어낼 수 있지?

3 4 5
1 2 3
자, 여기 또 다른 축이 있습니다.
지금까지는 보이지 않았죠.
이것이 작동을 시작합니다!

이해하겠소?

✿ 에이다 바이런은 두 사람이 처음 만나고 얼마 뒤 배비지의 저녁 파티에서 차분기관 모델을 보았다.[14] 그녀와 함께였던 소피아 드모르간(오거스터스 드모르간의 아내)은 이렇게 회상한다. "저는 배비지 씨의 놀라운 해석기관(원문 그대로 옮겨 적은 것으로, 그녀는 차분기관을 해석기관과 혼동하고 있다. 잠시 후 우리는 해석기관을 만나볼 예정이다)을 보려고 그녀와 동행한 일을 잘 기억합니다. 다른 방문자들이 별다른 반응 없이 아름다운 기구가 작동하는 모습을 응시하는 동안, 대담하게도 저는 미개인이 거울을 처음 보거나 총소리를 처음 들었을 때 나타낼 법한 감정을 표현했지요. 바이런 양은, 젊을 때였는데, 그 작동 메커니즘을 이해하고 이 발명품의 위대한 아름다움을 간파했습니다."

✿ 배비지는 자신의 기관 모델에 대한 시범 설명을 할 때 특정 간격의 주기가 지난 뒤 급수를 계산하는 규칙이 바뀌도록 설정하길 좋아했다. 그는 「제9차 브리지워터 보고서」에서 성경에 나타난 기적의 진실성을 전혀 설득력 없이 옹호하며 이 특징을 하나의 유추로써 사용했다.[15]

✿ 두 사람이 만난 당시 배비지는 마흔둘, 러브레이스는 열여덟 살이었다. 그들은 평생 가까운 친구로 지냈다.[16] 첫 만남 뒤 곧 그는 에이다에게 해석기관의 설계도를 빌려줬으며[17] 그녀에게 수학 퍼즐을 보내는 일을 즐겼다.

✿ 러브레이스의 말은 『해석기관 개요Sketch of the Analytical Engine』에 남긴 그녀의 주석에서 인용했다. 차분기관은 특정 결과를 계산하기 위해서가 아니라 한 가지 형태의 덧셈(위에서 러브레이스가 인용한 공식)을 수천 번 반복하여 일련의 숫자를 만들어내어, 궁극적으로는 계산기가 없던 시절에 항해사·공학자·회계사 등이 사용하는 도표를 담은 거대한 책을 출력하려는 의도로 설계되었다. '차분법'은 몇 가지 수치 산출식을 기어를 회전시켜 기계적으로 수행할 수 있는 단순한 덧셈 형태로 바꾸는 방식이다.

이것도 짹짹거릴게
틀림없어!
엥, 그냥
부채잖아.
갑자기 내 삶에
큰 구멍이 뚫린 것 같아.
아니면 지금까지
그 구멍을 의식하지
못했던가.
배비지가 러브레이스를 알게 된 시기에 그는 자신의 기계식 계산기를 놀랍게 확장시킨 버전을 개발하는 중이었다. 그것은 천공카드로 기관을 자동으로 통제하는 방식이었다. 이 기계를 그는 다음과 같이 불렀다.
해석기관!
최초의 컴퓨터 설계!

✿ 차분기관이라는 명칭은 사람들 뇌리에 박히는 경향이 있으며 만화책에서는 더 그럴싸하게 들린다. 하지만 실제로 배비지는 나중에 덜 섹시한 명칭인 해석기관으로 유명해졌다.

✿ 해석기관은 천공카드를 도입한 자카르 직기(직물 짜는 기계)에서 영감을 받았다. 에이다를 만난 해에 배비지는 해석기관을 구상했다. 이 기관을 위해 배비지가 세운 계획과 노트는 수천 쪽에 달한다. 이 기계는 배비지가 계속해서 수정하고 개선하고 덧붙이며 사소한 구조들을 없애면서 끊임없이 변화했다. 기억장치와 프로세서, 하드웨어와 소프트웨어, 일련의 복잡한 자동 시동식 피드백 회로를 보유한 해석기관은 톱니와 레버로 구성되며 증기기관을 동력으로 사용한다는 점을 제외하면 본질적으로 현대의 컴퓨터였다.

그러는 사이, 에이다는 열아홉 살에 윌리엄 킹이라는 귀족과 결혼해 러브레이스 백작부인이 되었다.

그녀는 3년 동안 세 아이를 낳았으며, 그들 모두 흥미로운 인물이었다.*

* 거짓말이다. 막내 랄프는 다소 지루한 사람이었다.

1840년 배비지는 이탈리아 토리노의 학회에서 해석기관에 대해 진귀한 강의를 했다. 공학자인 루이지 메나브레*는 2년 후 한 프랑스 학술지에 강의 요약문을 발표했다.

* 메나브레는 나중에 이탈리아 수상이 되었는데, 이 이야기에 등장하는 인물 중 분명 가장 성공한 사람일 것이다.

흑흑
누구도 날 이해하지 못해.
하지만 배비지의 발명에 관심을 보이는 사람은 여전히 거의 없는 듯했다.

그러던 어느 운명적인 날!

해석기관에 대한 메나브레의 논문을 번역하고 있는데 덧붙이고 싶은 사항이 너무 많아요.

정말?

어, 오.

당신은 마술을 부리는 수학 요정 같소!

✿ 윌리엄 킹(설교를 늘어놓던 에이다의 수학 가정교사와는 아무런 관련 없는 인물)은 결혼 당시 서른 살이었다.[18]

✿ 배비지는 자서전에서 회고한다. "고인이 된 러브레이스 백작부인은 자신이 메나브레의 원저논문을 번역하고 있다고 알려주었다. 나는 그토록 상세히 아는 주제에 대해 왜 직접 논문을 쓰지 않는지 물었다. 그녀는 그런 생각은 못했다고 답했다. 나는 메나브레의 논문에 주석을 달아 달라고 제안했다. 그녀는 제안을 즉각 받아들였다." 여성이 쓴 과학 원저논문은 매우 드물었지만 남성이 쓴 논문을 여성이 번역하거나 요약한 선례는 있었다. 러브레이스는 이 역량에서 오랜 친구이자 스승이었던 메리 서머빌의 계승자가 되려는 야망을 품었던 듯하다.

✿ 배비지는 마이클 패러데이에게 쓴 편지(부록1에 수록)에서 에이다를 "과학의 가장 추상적인 분야에 마술을 거는 마법사"이자 "활기찬 요정"이라고 불렀다.

1843년, 에이다 러브레이스는 컴퓨터 과학에 대한 첫 논문을 썼다.
이 논문에는 최초의 완전한 컴퓨터 프로그램이 포함된다.

✿ 러브레이스는 메나브레의 『해석기관 개요』를 번역하고 7개 각주를 덧붙였다. 주석은 원문보다 2.5배 이상 더 길다. 대략 이 지면의 만화 대 각주 비율과 맞먹는다. 원문과 주석은 합쳐서 〈테일러의 과학 회고록Taylor's Scientific Memoirs〉 1843년 판에서 65면을 차지했다. 이 학술지는 유럽 대륙의 저작물을 영어로 번역 출판하는 데 기여했다.

메나브레의 논문은 확실히 배비지의 강의를 꽤 깔끔하게 글로 옮기고 기관의 기본 구조를 약술한 기록이다. 러브레이스가 남긴 주석에서는 현대의 컴퓨터 조작과 관련된 여러 발상 가운데 가장 흥미로운 최초 버전을 찾을 수 있다. 루프(loop, 프로그램에서 어떤 조건이 만족되는 동안 혹은 종료 조건이 성립할 때까지 반복 실행되는 명령—옮긴이), 조건문if-then, 하드웨어와 소프트웨어의 분리, 가장 급진적이게는 범용 컴퓨터의 개념, 즉 이 기관이 수치 방정식을 푸는 일을 넘어서 어떤 종류의 정보도 처리할 수 있다는 가능성이 그것이다.

메나브레의 논문처럼 이 주석들 역시 여러 수학 '프로그램'을 포함하고 있다. 그 프로그램들은 기계가 일련의 복잡한 계산을 처리하는 단계를 나눠놓은 커다란 숫자 테이블처럼 보인다. 배비지는 자신의 기계에 쓰이는 간단한 프로그램들을 자연스럽게 스케치했다. 배비지의 조수 중 한 명(우리 두 주인공과는 달리 필적이 매우 깔끔하다) 덕에 짧은 프로그램 몇 개가 전해질 수 있었다. 그러나 가장 정교하고 복잡한 프로그램을 산출했다고 간주되며 그것을 논문으로 출간한 최초의 사람은 러브레이스였다. 이런 이유로 그녀는 대체로 "최초의 컴퓨터 프로그래머"라고 알려졌다.

나는 "~라고 간주된다"고 말했다. 이 주석의 어느 정도를 러브레이스가 작성했고 또 어느 정도를 배비지가 작성했는지에 대해 논란이 상당하기 때문이다. 그들이 이 주석을 작성하면서 9개월 이상 지속적으로 교환한 서신들은 엄청나게 재미있지만, 특정 집단 내에서만 통하는 농담과 암시에다가 "그 문제는 화요일에 얘기합시다" 같은 표현들로 가득해서 이 문제를 해결하는 데는 그다지 도움이 되지 않는다. 하드웨어와 관련된 것은 무엇이든 배비지가 쓴 게 확실하지만 프로그램의 최종 형태뿐만 아니라 배비지가 기관에 대한 "철학적 관점"이라고 불렀던 것은 러브레이스가 담당했을 것이다.

어떤 의미에서, 완고하고 엄격한 배비지와 변덕스럽고 활발한 러브레이스는 하드웨어와 소프트웨어 사이의 차이를 구현한다. 배비지는 보통 하드웨어라고 부르는 것, 기관을 구성하며 복잡하게 얽힌 무한히 많은 레버와 톱니, 카드와 못, 톱니 막대 등의 태엽장치를 연결하는 작업에 집중했다. 그가 가장 자랑스럽게 여긴 성과는 자릿수 올림을 실행하는 데 사용되는 두 번째 (가상) 기계장치의 일부분을 축소시키는 계획을 제시한 점이다.(실제로 이는 정말 영리한 작업이다. 이 책 뒷부분에 관련 도표가 있다.) 반면 러브레이스는 귀족답고도 부주의하게 하드웨어를 무시하는 경향이 있었다.(기계가 수치뿐만 아니라 기호로도 결과를 산출할 수 있게 조정하자는 그녀의 발상을 하나의 예로서 참고하자면, 그녀는 이렇게 말한다. "쉬워요, 간단한 규정을 몇 개만 덧붙이면 돼요!") 그녀는 소프트웨어에만 관심이 있었다. 그녀의 논문을 읽을 때, 작업을 수행하게 될 수 톤에 달하는 금속들은 말 그대로 추상적인 자료 속으로 녹아 사라진다.

배비지가 자신의 기계에 대해 모호한 요약본 이외의 어떤 것도 출판하지 않은 이유는 명백하다. 그는 필생의 연구에 대한 것만 쏙 빼놓고 태양 아래 모든 주제에 대한 산만한 글들을 여러 권 출판했다. 해석기관에 대해 알려진 지식은 전부 러브레이스의 논문과 배비지가 남긴 몇 권의 공책과 도표를 판독한 결과다. 안락의자에 앉아 주석을 쓰면서 아마추어 심리학자로서 나는, 그가 대중에게 공개하는 위험을 무릅쓰기에 앞서 자신이 상상한 해석기관이 완벽에 이르길 끝없이 기다렸을 것이라고 추측해본다. 이는 실로 치명적인 습관이 아닐 수 없다! 이유가 무엇이었든 범용 컴퓨터 기계에 대한 청사진을 미래에 전해준 것은 러브레이스의 주석과 그녀의 철학이었다.

✿ 규칙에 따라 기호를 조작하면, 숫자뿐만 아니라 어떤 종류의 정보도 자동화된 과정에 의해 운용될 수 있다는 러브레이스의 독창적인 깨달음은 분명 컴퓨터 과학의 본질적인 근원이 되었다.

> [이 기관]은 숫자 이외에 다른 것에도 작용할 수 있다. 근본적 상호 관계가 추상적 운용 과학의 관계로 표현될 수 있고 기관의 장치들과 운용 기호의 작용에 적용할 수 있는 사물일 경우 그렇다. 예를 들면, 화성학과 작곡학에서 음의 높이들 사이의 근본적인 관계를 이렇게 표현할 수 있고 적용할 수 있다고 가정해보자. 이 기관은 그 복잡성과 규모가 어느 정도이든 정교하고 과학적인 음악을 작곡할 수 있다.

✿ 논리의 수학화(불Boole의 『사고의 기본 법칙Foundational Laws of Thought』이 출판되려면 아직도 10년이나 남았다)가 이루어지기 이전 시대에 이러한 상상력의 도약은 진실로 이례적인 것이다. 얼마나 이례적인지 어쩌면 컴퓨터 시대에 사는 우리조차 이해하기 힘들지도 모른다. 배비지는 이 기계로 숫자 계산을 넘어서는 일을 할 생각은 안 했지만 자신

이 에이다의 "해석기관에 대한 감탄할 만한 철학적 관점"이라고 부르던 바를 몹시 좋아했다. "당신의 주석을 읽으면 읽을수록 점점 더 놀라게 되고 숭고한 금속의 매우 풍부한 광맥을 더 일찍 탐구하지 않은 걸 후회하게 됩니다."(실례지만 만화가로서 내 의견을 제시하자면, 나는 러브레이스가 음악 이론에 열중해 있었을 뿐만 아니라 음악을 싫어하기로 유명했던 배비지를 놀리길 즐겼기에 음악을 예시로 사용했다고 생각한다.)

✿ 1840년대 중반, 어머니에게 보낸 편지에서, 러브레이스는 신랄하게 얘기한다. "어머니는 제게 철학적인 시를 허락하지 않으실 테죠. 본말전도예요! 당신은 제게 시적인 철학을, 시적인 과학을 주실 건가요?"

에이다는 지적인 동업을 제안했다.
찰스 배비지, 제 두뇌를 당신에게 제공할게요!
당신은 이 기계를 구축하세요!
그리고 저는
…대사제가 되겠어요.
하지만 어둠의 힘이, 아아, 러브레이스 부인에게 영향을 미치고 있었다.
내 작고 강인한 시스템 내부에 아직 발현되지 않은 끔찍한 에너지와 힘이 무엇인지는 누구도 몰라.
바이런 부인의 예방 조치에도 불구하고, 바이런의 악령이 드러나기 시작했고 에이다는 광기와 도박과 중독 그리고 "시적인 외모"라는 추문에 둘러싸였다.
아편약물
로콕 박사처방
I.O.U.
그 모든 일을 겪는 내내, 러브레이스와 배비지는 최고의 친구였다.

✿ "저는 배비지 기관의 대사제로 남아 수습 기간을 충실히 채우는 편이 좋겠어요."(1843년 러브레이스가 엄마에게 보낸 편지) "끔찍한 에너지와 힘"은 1843년 러브레이스가 배비지에게 보낸 편지에서 인용했다.

✿ 네빌 부인은 회고록 『5대에 걸쳐Under Five Reigns』에서 "러브레이스 부인은 외모가 다소 시적이라고 들었다. 나는 이 말이 정확히 무슨 의미인지 모른다"라고 썼다. 러브레이스 부인에 대해 내가 아는 바로 미루어 볼 때, 그녀가 우울해 보이고 옷을 지극히 못 입었다는 의미라고 추측된다.

✿ 서머싯 주 애슐리 계곡 러브레이스의 사유지에서 테라스를 거니는 주인공들의 실루엣이 보인다. 여기에는 배비지에게 경의를 표하기 위해 철학자의 산책로라는 이름이 붙었다. 1849년 배비지에게 보낸 편지에서 러브레이스는 "당신은 조랑말을 독점할 수 있습니다. 테라스 말고는 단 한 걸음도 걸을 필요가 없어요"[19]라고 적었다.

번역자의 주석이 달린 『해석기관 개요』는
에이다 러브레이스가 발표한 유일한 논문이었다.
이 논문을 발표한 지 몇 년 후,
그녀는 서른여섯의 나이에 암으로 사망했다.

배비지는 자신이 고안한 어떤 계산기도 결코 완성하지 못했다.
그는 일흔아홉에 비통해하며 숨을 거뒀다.

최초의 컴퓨터는 1940년대 이후에야 개발되었다.

하지만 기다리시라!
방금 얘기한 러브레이스와 배비지의 결말은 다중우주의 일부인, 보다 지루한 세상에서 일어난, 무한히 가능한 여러 결말들 중 하나일 뿐이다.
다중우주!!

이 책의 뒷얘기가 펼쳐지는 특정 우주는 기이하고도 인위적으로 창조해낸 포켓 유니버스pocket universe다. 이 우주는 다음과 같은 상황에서 탄생했다.

* 여러 SF 출판물에서 시간 경찰의 주 업무는 시간 여행으로 인한 역사의 변화를 막는 일인 경우가 많다. — 옮긴이

✿ 러브레이스와 배비지 그리고 차분기관은, 비록 그들의 시대에는 좌절했지만, 우리 시대에는 대안 우주/괴짜 하위 문화/스팀펑크(steampunk, 여러 시대의 패션을 섞는 스타일—옮긴이)로 알려진 기막히게 멋진 심미적 디자인 면에서 큰 역할을 한다. 러브레이스와 배비지가 자신들이 스팀펑크라는 유행에 매우 민감한 분야의 우상이란 걸 알게 되는 상황은 다소 역설적이다. 한 정보원에 따르면 "에이다 양은 … 옷차림에 극히 무관심했다. 그녀의 하녀만큼도 잘 차려 입지 못했다"고 한다.(『너새니얼 호손과 그의 아내』, vol. 2, Julian Hawthorne, 1884, p.139) 다른 정보원은 "배비지는 … 우스운 차림을 하고 있었다"고 전한다.(『식민지 총독의 로맨스』, James Milne, 1899, p.42)

ENDNOTES

1 조지 고든 바이런 경George Gordon, Lord Byron은 종조부였던 '사악한' 윌리엄 바이런 경과 아버지 '미치광이 잭' 바이런이 죽은 뒤 바이런이라는 칭호를 기대치 않게 물려받았다. 오늘날에는 '시'가 다소 품위 있고 고상한 것을 의미하지만, 바이런은 영웅적 자질이 없는 음울하고 인정받지 못하는 주인공이 등장하는 통렬함 넘치는 서사소설을 운문으로 써서 대성공을 거두었다. 특출하게 잘생긴 외모와 매력, 빈곤한 어린 시절을 보내다 귀족이 된 동화 같은 신분상승 이야기, 기이하고 변덕스런 행동과 수많은 사람과 다양한 섹스를 추구하는 성향까지 더해져 그는 현대 유명인 열 명을 합한 것만큼 유명해졌다. 바이런의 명성에 도달하려면 체 게바라의 세련된 정치적 급진주의를 엘비스와 합치고 거기에 추한 성적 소문으로 얼룩진 로만 폴란스키의 지적인 위상을 결합해야만 할 것이다. 바이런 부인은 남편을 둘러싼 추종에 대해 '바이런매니아Byronmania'라는 용어를 만들었다.

미친 천재 유명인이자 상식에 반하는 엽색꾼의 딸로 사는 일은 쉽지 않다. 에이다 바이런이 광기와 천재성, 일탈적인 성적 취향의 징후를 보이는지를 나라 전체가 관찰했고 때때로 그런 성향이 엿보였다. 그녀는 위 모든 성향에 대한 기대를 만족시켰다.

2 자식을 낳은 뒤, 바이런은 이혼했다. 하하하… 으흠. 바이런 부인은 에이다가 태어난 지 한 달 만에 남편을 떠났다. 바이런은 추문에 대한 의심을 받으며 나라를 떠났다. 그들의 결별은 굉장히 격렬하고 악명 높았기에 『톰 아저씨의 오두막』을 쓴 유명한 해리

엇 비처 스토는 50년이 지나 모든 사람이 사망한 뒤, 바이런 부인을 옹호하는 맹렬한 비판 글을 썼다. 그녀가 말한 내용을 일부 예로 들어본다. "밤중에 그녀는 에이다를 출산했다. 애나벨라는 불안정한 남편이 아랫방에서 격분한 나머지 와인 병을 천장에 대고 던져서 깨뜨리고 있었다고 보고했다. 바이런의 친구 존 홉하우스는 그녀의 말이 터무니없다며 아마도 바이런은 단지 부지깽이로 소다 병을 박살내서 코르크 마개로 지붕을 치는 습관에 탐닉하는 중이었을 것이라고 반박했다."

바이런은 36세에 그리스의 독립을 위해 싸우다 19세기 의학에서는 불가사의한 열병으로 사망했다. 그의 딸도 20여 년 뒤 같은 나이에 사망할 운명이었다. 에이다는 당시 9세였는데, 바이런 부인에 따르면, 평생 단 한 번도 아버지를 만나지 못했음에도 "엄청나게 울었다."

GEORGE GORDON, LORD BYRON, HEAVILY FOXED
(THE ENGRAVING, THAT IS. FOXEDNESS OF BYRON UNKNOWN)

3 바이런 경은 에이다의 잠재적 성향에 대해 아내와 함께 걱정했다. "무엇보다도 나는 그녀가 시적이지 않길 바랍니다. 시적인 성향에 어떤 장점이 있을지라도 그에 지불하는 대가가 너무 커서, 나는 내 아이가 거기서 빠져나오게 해달라고 기도합니다." 바이런 부인과 에이다는 둘 다 운문을 썼으며 그것은 빅토리아 시대의 대중적 교양이었다. 따라서 여기 "시적인"이라는 표현은 정신질환에 대한 완곡한 표현으로 보인다. 심리학자 케이 제미슨이 바이런과 그의 선조들 그리고 에이다가 조울증을 앓았으며, 실제로 이 병은 유전된다고 언급한 『열정가Touched with Fire』에서 이러한 가능성은 가장 두드러지게 제시된다. 바이런 부인은 특히 유전성 정신병에 집착했는데, 이 사실은 그녀가 '미치광이 잭' 바이런의 아들과 결혼한 이유를 궁금하게 만든다. 어쩌면 이 결혼은 실험이었을지도 모른다.

4 윌리엄 프렌드(1757~1841)는 자수성가한 유명 인물로 바이런 부인의 진보적 지식인 모임에서 초빙해온 교사였다. 유니테리언 교도이고 정치적으로 급진적이던 그는 종교의 자유를 옹호한다는 이유로 케임브리지에서 추방당했다. 프렌드는 정치적으로 급진적이긴 했지만, 굉장히 보수적인 수학자여서 음수의 사용을 거부하며 대수학에 대한 책(『대수학 원론』, 1796)을 간신히 완성했다. 나아가 0의 사용을 비웃는 풍자시를 쓰기까지 했다. "우리는 불확실성이 아니라 확실성을, 예술이 아니라 과학을 갈망한다"는 구절은 순수한 숫자가 아닌 확실치 않은 기호를 대수학에서 사용하는 데 반대하며 그가 한 말이다. 이 주제는 1820~1830년대에 수학 분야에서 큰 논쟁이 되었다. 러브레이스는 배비지의 해석

기관을 사용하여 일반적인 기호들을 다루자는, 정말로 급진적인 발상을 제안했다.

5 이제 우리 여주인공을 어떻게 부를 것인가 하는 난처한 사안을 다루기에 적절한 지점에 도착했다. 아버지가 조지 고든 바이런 경이었기에 출생 시 그녀의 이름은 어거스타 에이다 고든Augusta Ada Gordon이었다. 일반적으로 그녀는 (바이런의 이복누이 이름에서 따온 '어거스타'를 빠뜨리고) 에이다 바이런이라고 불렸다(어거스타는 바이런과 … 어이쿠! 너무 복잡하다). 그녀는 19세에 윌리엄 킹과 결혼해서 어거스타 에이다 킹이 되었다. 그 뒤 1838년에 남편이 러브레이스 백작이 되면서 그녀도 어거스타 에이다 킹 러브레이스 백작부인 혹은 러브레이스 부인이 되었다. 따라서 에이다 러브레이스라는 명칭은 꽤 부정확한 것이지만 모두가 그렇게 불렀으며 여전히 그러고 있다.

6 빅토리아 시대의 영국에서는 모든 사람이 서로를 알았다. 오거스터스 드모르간은 윌리엄 프렌드의 사위였다. 20대 때 러브레이스는 드모르간이 수학 교수로 있던 유니버시티 컬리지 런던의 수학 커리큘럼을 따라 그에게서 일종의 통신 강좌를 들었다. 프렌드가 보수적이던 만큼이나 혁신적인 수학자였던 드모르간은 현대 대수학과 형식논리학 발달에 중요한 인물이었다. 그는 최초의 컴퓨터 역사에서 자신도 모르게 강력한 연결망 역할을 했다. 그는 찰스 배비지의 친구였으며, 현재 컴퓨터 논리연산의 기초가 되는 시스템인 불대수를 무의식중에 만들어낸 조지 불의 후원자이기도 했다.

7 물론 앞으로 찰스 배비지에 대해 더 자세히 살펴보겠지만, 여기서 그의 전기를 간략히 소개해도 좋을 듯하다. 배비지는 극히 부유하지만 극도로 성질이 나쁜 데본셔의 은행가와 훌륭하고 친절한 아내 사이에서 태어났다. 그는 일찍이 수학에 관심을 보였으며 케임브리지 대학에 진학해서 새롭고 획기적인 수학에 도전하는 학생을 위한 수학 클럽인 해석학회를 친구들과 함께 창립했다. 케임브리지 재학 시절, 그는 사랑하는 아내 조지아나 휘트모어를 만났다. 아버지는 단지 아들이 얼간이가 됐다는 이유로 두 사람의 결혼을 반대했는데 그는 아버지의 뜻을 거스르고 그녀와 결혼했다. 부부는 8명의 자녀를 낳았지만 그중 3명만이 성인이 될 때까지 살아남았다. 이런 비극은 19세기에는 너무나 일상적인 일이었다. 조지아나는 1827년에 36세의 나이로 자녀를 낳다가 죽었다. 그 대재앙의 해에 배비지는 두 아들과 막대한 유산만은 남겨준, 증오하던 아버지까지 잃었다. 1828년에는 케임브리지 대학의 루카스 석좌교수로 임명되었다. 그는 10년 뒤 계산기에 집중하기 위해 그 자리에서 물러났다.

CHARLES BABBAGE
Lithograph from "Raccolta dei Ritratti e Biografie di Trentasei Scienziati Viventi," 1841. (Note that the artist uses the exact same little highlights on his quiff as I do.)

배비지의 길고 다양하며(생명보험·수학·계산기·저술·학회 창립 등) 빛나는 경력은 획기적 천재성, 거듭되는 드라마, 이상할 만큼 시시한 싸움들로 점철된다. 그에 대해 찰스 다윈은 이렇게 말한 적이 있다. "나는 돈 로더릭과 배비지의 전쟁에 대한 설명을 들으며 매우 즐거웠다. 배비지가 그렇게 앙심이 깊다니 얼마나 유감스런 일인지. 계산기에 대해 이렇게 말해도 된다면, 그 얼마나 어리석은지."

노년기에 그는 쉽게 짜증을 냈으며, 거리의 오르간 연주자들에게 반대하는 강박적 활동으로 오명을 얻었다. 그 때문에 성미가 고약하고 반사회적인 사람으로 오늘날 기억되는지도 모른다. 하지만 오히려 그는 파티와 매력적인 기행으로 유명한 완전히 외향적인 사람이었다. 동년배들이 배비지를 묘사한 기록은 매우 많다.(러브레이스에 대한 것보다 훨씬 더 많다.) 모두 그의 '왕성한 에너지'와 사교적 본성, 별난 성격을 언급했다. 프랜시스 리스터 호크스는 전한다. "나와 인터뷰하는 도중에 그는 장난기가 많아졌다가 공손해졌다가 현실적으로 변했으며, 늘 열정적이었고 항상 설득력 있게 말했다." 그가 쓴 장황하고 두서없는 자서전『어느 철학자의 인생에서 듣는 이야기들』은 굉장히 재미있는 책으로, 이 만화를 다 읽는 대로 꼭 읽어봐야 할 책이다.

8 이것 참! 배비지가 이 농담을 얼마나 싫어했을지! 그는 자신이 차분기관에 할당된 기금을 해석기관을 위해 사용했다는 풍자에 심란해했다. 내가 이 농담을 넣은 이유는 정부의 재정지원에 대해 그가 느낀 비통함이 배비지의 삶에 엄청난 영향을 미쳤다는 사실을 알지 못한 채 그를 이해하기란 불가능하다고 생각해서다. 당신이 상상하듯이, 베이퍼웨어(Vaporware, 광고는 요란하지만 실제로 완성 가능성은 없는 소프트웨어—옮긴이) 아이티 기획에 정부가 재정을 지원한 역사는 간단히 말해서 지루하고 복잡하다. 1820년대에 영국 정부는 수표(mathematical table, 각 X에 대한 함수의 대응값을 정리한 표—옮긴이)를 계산하고 책으로 인쇄하는 거대한 기계인 차분기관을 구축하는 일로 배비지에게 상당히 어마어마한 보조금을 지급했다. 배비지와 기술자로 이루어진 팀이 일을 시작하여 모델을 구축했지만 여러 이유들로 인해(배비지는 훌륭한 발명가였지만 프로젝트 관리자로서는 정말 별로였다) 여러 해 뒤에도 차분기관은 나타날 기미가 보이지 않았다. 그 사이 배비지는 앞으로 차분기관을 대체할 거라고 스스로 상당히 정확하게 예견했던 해석기관에 대한 발상을 꽃피우고 그 일에 뛰어난 두뇌를 바치기 시작했다. 정부는 존재하지도 않는 계산기에 그럭저럭 1만 7,000파운드를 쏟아 부은 뒤, 지긋지긋해진 나머지 재정지원을 중단하고 이 모든 소동이 실패했다고 판단했다. 자주 지적 받듯이 1만 7,000파운드는 전함 두 대를 마련할 수 있는 금액이다. 그 뒤, 배비지는 자신의 해석기관에 자금을 지원하도록 사람을 설득하는 일이 불가능하다는 것을 자연스럽게 깨달았다.

배비지는 정부기금을 자기 자신이나 해석기관을 위해 비윤리적으로 써버렸다는 아주 사소한 암시에도 과민해져서는 맹렬히 부인하는 글들을 여러 출판물에 많이 기고했다. 그의 비탄은 러브레이스와의 아주 이상한 싸움으로 이어지기도 했다. 이 일은 뒤에서 다룰 예정이다. 어찌되었든 나는 그를 동정한다. 개발의 지체는 찰스 배비지보다 훨씬 더 태평한 영혼을 가진 사람도 몹시 화나게 만든다.

9 소논문 제목 뒤에 "원문 그대로"라고 소심하게 쓴 이유는『1851년의 박람회』가 대영박람회에 관한 것이기 때문이다. 〈기계학 잡지〉가 까다로운 논평에서 말했듯이, "배비

지 씨가 '전시회'(혹은 그가 별다른 이유 없이 고집하는 명칭인 '박람회')라고 사용한 행상인 같은 표현은 더욱 유감스럽다. 이 책 어디에도 이 전시회와 관련된 부분이 없기 때문이다. 따라서 이 제목은 조금이라도 자신의 평판을 높이려고 계산해서 지은 것이다. 정확히 말해, 그러니까, 평판을 드높이기가 불가능하기 때문에 그럴 만한 가치가 있는 일이다."

배비지의 평판을 드높이기가 "불가능하다"는 말이 놀랍게 들릴지도 모른다. 실패한 발명가에 대한 괜찮은 이야기를 좋아하는 사람들에게 그는 종종 이해하기 힘든 조롱의 대상으로 묘사되기 때문이다. 천만의 말씀! 부유하고 저명한 배비지는 당대 가장 유명한 인물 중 한 명이었다. 그의 이름은 천재의 대명사였고 그를 이어 루카스 석좌교수가 된 사람 중에서 다소 비슷한 인물을 뽑자면 스티븐 호킹이 있다. 어느 동시대인은 배비지를 뉴턴보다 훨씬 유명한 사람으로 언급하기도 했다. "뉴턴의 루카스 석좌교수 자리에 앉아 있는 배비지 씨는 계산 기관 프로젝트로 그의 위대한 전임자보다 훨씬 대중적인 명성을 얻을 운명이었다."(『평행 역사』, Philip Alexander Prince, 1843)

10 빅토리아 시대의 속기에 대해, 인쇄물과 공개강좌를 통해 점점 증가하는 정보의 홍수를 다루기 위한 방법이자 새로운 고안품의 성능을 갖추었다고 할 수 있는 "얼리어답터(저널리스트·과학자·독학자)의 반체제 문화" 도구라고 묘사한 〈런던 리뷰 오브 북스〉의 레아 프라이스에게 나는 큰 신세를 졌다. 진보와 과학과의 연관성 때문에 속기는 분명 러브레이스에게 잘 맞았을 것이다. 러브레이스는 친구에게 빌린 과학책(희귀하고 비싸서 그녀가 소장하기 힘든 책들)의 여러 구절을 짐작컨대 속기를 사용하여 "전부 베끼고 있다"고 종종 말하곤 했다. 당시의 속기는 암호처럼 보인다. 토머스 거니의 『브래키그래피 : 쉽고 간결한 속기 체계』(1835)에 나온 아래 예시처럼 말이다.

His MAJESTY's first Speech to both Houses of Parliament.

11 메리 서머빌은 그 이후에도 한참 동안이나 공부를 하지 못했다. 첫 남편은 여성이 수학을 배우는 걸 허락하지 않았기에 그녀는 그가 죽고 더 마음이 통하는 남자와 재혼할 때까지 진지한 연구를 수행할 수 없었다. 그녀는 첫 책을 50세 이후에야 출판할 수 있었지만 85세에 마지막 책(『분자적이고 미시적인 과학에 대하여』)을 저술하면서 잃어버린 시간을 벌충했다. 피에르 시몽 라플라스의 극도로 복잡한 책 『천체역학』을 탈바꿈시킨 그녀의 해석은 나중에 러브레이스가 해석기관 논문에 대해 수행한 작업처럼 확장된 논의와 도식으로 가득했다. 라플라스 본인이 서머빌에게 말했다. "나를 이해한 여성은 오직 세 명뿐입니다. 바로 당신과 캐롤라인 허셜 그리고 내가 전혀 모르는 그레이그 부인입니다." 서머빌의 첫 남편이 그레이그 씨였으므로 그레이그 부인은 사실 서머빌이었다. 따라서 실제로는 그 세 여성 중 두 명이 그녀였다!

12 또 다른 방문자(누군지 알아야겠다면 『불법행위법』의 저자인 프레더릭 폴록 경입니다)는 이렇게 회상한다. "확실히 전 분야의 엄청나게 다양한 중요 인물들(정치가, 과학과 문학 분

MARY SOMERVILLE
PRACTICALLY PERFECT IN EVERY WAY

야의 유명인, 배우나 그저 상류 사회의 인물)을 늘 만났다. 새롭거나 중요한 과학 주제가 응접실에서 항상 선보였다. 배비지는 어디에나 모습을 나타내는 활발한 주인이었다. 제공되는 유일한 다과는 차와 흑빵 자른 것, 아주 훌륭한 최상의 버터였다."(나는 그 파티가 주류 지참 파티였다고 가정한다. 혹은 적어도 그랬길 희망한다. 배비지의 파티에 참석한 사람들 중 절반과 얘기하려면 적어도 내게는 독한 술이 필요했을 것이다.)

13 배비지의 자서전에서 인용한 은빛 숙녀에 관한 전체 이야기는 다음과 같다.

> 소년 시절에 어머니는 나를 여러 기계 전시회에 데려가 주셨다. 나는 멀린*이라는 남자가 개최했던 하노버 스퀘어에서 열린 전시회를 잘 기억하고 있다. 내가 이 전시회에 몹시 큰 흥미를 보이자 전시회 주최자는 상세히 설명해주었다. 대중이 접근할 수 있는 물건을 몇 개 설명한 뒤 그는 어머니에게 나를 자기 작업장에 데려가도 되는지 물었다. 거기서는 훨씬 더 많은 놀라운 자동 장치들을 보게 될 터였다. 그래서 우리는 다락방으로 올라갔다. 그곳에는 아무것도 덮여있지 않은, 높이가 30센티미터 정도 되는 은으로 만든 여인상이 두 개 있었다.
>
> 그중 하나가 … 감탄스러운 발레리나였다. 그녀의 오른손 손가락 위에 새가 앉아 있었다. 그 새는 꼬리를 흔들고 날개를 퍼덕이며 부리를 벌렸다. 이 숙녀는 아주 매혹적인 방식으로 점잔을 뺐다. 상상력으로 가득 찬 눈동자는 거부할 수 없을 만큼 매력적이었다. …
>
> 그녀의 운명은 기괴했다. 제작자가 죽은 뒤, 그녀는 다른 장난감 기계 소장품과 함께 팔렸다. … 그리고 아무것도 덮이지 않은 채 다락방 한쪽에 처박혀서 완전히 잊히는 듯했다. 경매에서 … 일찍이 내가 감탄했던 이 물건과 다시 만났다. … 나는 이 은빛 숙녀를 손수 고쳐서 부활시켰다. 나중에 이 인형은 내 친구들에게 은빛 숙녀라는 이름으로 알려졌다. 나는 그녀를 유리 상자 속에 넣어 응접실에 받들어 모셨다. 이곳에서 그녀는 특유의 조용하지만 우아한 방식으로 소중한 친구들을 맞았다.

누구도 은빛 숙녀가 어떻게 되었는지 모르지만 당신은 더럼 부근의 보우스 박물관에서, 아니면 유튜브에서 멀린이 태엽장치 달린 은으로 만든 백조의 우아한 움직임을 볼 수 있다. 이때 배비지는 매우 어렸던 게 분명하다. 멀린은 배비지가 열한 살 때 사망했기 때문이다.

> 그의 독창적 고안품 중에는 용케 바퀴 위에서 굴러가는 스케이트가 있었다. 그는 이 스케이트와 바이올린을 가지고 칼라일 하우스에서 열린 카울리 부인의 가장무도회에서 잡다한 사람들 틈에 섞여 들었다. 속도를 늦추거나 방향을 바꿀 수단이 없어서, 그는 가

* 존 조지프 멀린(1735~1803)은 런던에서 거주 중인 벨기에 출신 발명가로 은으로 만든 자동 장치와 정교한 시계를 전문적으로 다뤘으며, 악기에 쓰이는 건반과 손풍금을 개선했다. 이 악기들은 나중에 배비지의 인생에서 계속 나타났다. 그는 롤러스케이트를 발명하기도 했다.

격이 500파운드가 넘게 나가는 거울에 부딪치고 말았다. 거울은 박살이 나고 악기는 산산조각 났으며, 그는 굉장히 심한 상처를 입었다.(『콘서트 룸과 오케스트라 일화』, Thomas Busby, 1805)

14 에이다는 서머빌의 집에서 열린 저녁 파티에서 배비지*를 처음 만났다. 그녀는 몇 주 후 배비지의 집을 방문했다.

15 배비지는 「제9차 브리지워터 보고서」에 해커 신은 창조에 앞서 우주의 정상적 운영 법칙에서 제외되는 프로그램을 작성할 수 있다는, 기적에 대한 자신의 이론을 게재했다. 신이 우주의 프로그래머라는 그의 관점은 대부분 사람들을 완전히 당황시켰으며 몇몇 비평가들을 즐겁게 해주었다. "우리는 여기에 계산기 입안자와 세계의 입안자 사이에 일종의 유추를 수립하려는 시도와 상당히 유사한 무엇이 있다고 감히 제안할 수 있다."(〈영국의 비평가〉 〈계간 신학 리뷰〉 〈기독교의 기록〉, 1837)

16 배비지와 러브레이스는 이 당시 여러 일화들에서 종종 짝을 이뤄 등장한다. 그중 몇 가지를 부록에 수록했다. 그들은 성격이 비슷했다. 자기중심적이고 순진하며 열정적이고 강박적이었다. 고루한 빅토리아 시대 사회에 전혀 맞지 않았다. 그래서 그들은 서로 죽이거나 최고의 팬이 될 수밖에 없었다. 혹자는 의아해할지도 모른다. 둘 사이에 어떤 로맨스가 있었을까? 그렇게 생각할 만한 좋은 이유는 그러한 생각이 극히 재미있다는 것뿐이다. 그러나 슬프게도 이유는 그게 전부다. 그들은 전혀 교묘한 사람들이 아니었고 서로에게 보낸 편지의 어디에도 로맨스의 기미는 없다. 물론 배비지가 에이다에게 그녀와 남편을 방문해서 "끔찍한 문제-세사람"을 곰곰이 생각하겠다고 편지를 쓴 적도 있었다. 그러나 나는 그것이 과장된 표현이라고 생각한다.

17 내가 잘못 말했다. 설계도를 빌려준 이는 배비지의 아들 허셜이었다. 어떤 종류의 세부사항들이 주석에 쟁여 넣어졌을지 알기는 힘들다.

18 에이다와 남편의 관계는 그녀 삶의 다른 모든 사항처럼 흐릿하고 모순적이어서, 전기 작가마다 몹시 다른 방식으로 묘사한다. 확실히 그에게 쓴 그녀의 많은 편지들은 상당히, 심지어는 애정이 듬뿍 묻어날 정도로 다정하지만 빅토리아 시대 여성으로서 당시 그녀는 남편에게 법적으로 완전히 종속돼 있었으며 사회의 강력한 시선이 애정 어린 아내를 연기하길 강요했다. 러브레이스 경은 빅토리아 시대의 전형적 가장, 즉 재미없고 답답한 사람이라는 인상을 준다. 그가 가족에게 폭력적이었을 수 있다는 단서가 있다. 며느리는 그를 "가족과 친구에게 사랑 받기보다는 두려움을 주는" 대상이라고 묘사했다. 대체로 에이다 러브레이스가 적어도 한 번 불륜을 저질렀을 거라고 확신한다. 그러나 전

* 배비지는 그녀를 어릴 때부터 알았을 수도 있다. 그들의 오랜 친구인 크로스 부인은 다음과 같이 썼다. "배비지는 바이런의 딸에 대해 얘기하길 무척 좋아했다. 그에게 그녀는 항상 '에이다'였고, 그는 아이인 그녀를 항상 안고 다녔으며 그녀가 러브레이스 백작부인이 되었을 때 친구이자 상담자가 되었다."

하지만 배비지가 어릴 적 에이다를 알았음을 확실히 보여주는 문서를 누구도 발견하지 못했으며, 몇몇 학자는 배비지나 크로스 부인 둘 중 한명이 틀렸거나 거짓말을 하고 있다고 생각한다고 덧붙인다. 나로서는 이 일종의 근거 없는 심한 불신이 기괴하게 여겨진다. 그들이 거짓말을 할 까닭이 뭐겠는가? 이래서 내가 학자가 못 되었는지도 모르지만 말이다.

기 작가들은 러브레이스 경도 결혼 서약을 순결히 지켰을까 하는 문제에는 이상하게 관심이 없는 듯하다. 긍정적인 면은 그가 항상 에이다의 수학 연구를 지지하고 격려해줬다는 점이다.

러브레이스의 세 아이는 모두 기묘하고 매력적이며 어머니의 활동가 기질을 물려받은 듯하다. 첫째인 바이런은 어머니가 사망한 뒤인 17세에 가출하여 26세에 요절할 때까지 모습을 감췄다. 죽고 나서야 그가 배에서 목수로 일해왔음이 밝혀졌다. 작위는 둘째 아들인 랄프에게 넘어갔다. 그는 열정적 등산가로 동시대인들에게 "괴짜"라는 말로 모호하게 묘사되었다. 그는 바이런 경을 떠나기로 한 외할머니의 결정을 옹호하는 가족의 편지가 가득 담긴 특이한 책을 썼다. 나는 에이다가 1843년에 쓴 한 편지에서 불평했던 열두 살짜리 랄프의 버릇 때문에 그를 비이성적으로 싫어한다. 그는 화가 날 때면 조랑말의 고삐를 갑자기 확 잡아당겼다고 한다.

에이다의 유일한 딸인 앤은 조용하고 얌전하게 지내다가 30세에 시인 윌프리드 블런트 경과 결혼한 후 야생을 모험하는 삶을 시작했다. 그녀는 아라비아 사막을 횡단한 최초의 서양 여성이었으며, 어머니처럼 열정적인 여성 승마인이었다. 그녀는 아라비아 말의 역사에서 대단히 유명하다. 유럽과 아메리카에 있는 아라비아 말의 90퍼센트는 그녀가 중동에서 데려온 동물에서 유래했다. 그녀의 친척이 쓴 회고록은 앤을 다음과 같이 비범한 사람으로 묘사한다. "놀라운 장거리 주자" "그녀는 늘 사나운 말을 탔다. 나중에는 '오늘의 오스트레일리아 정예 조마사'를 '바보로 만들었다.' 아마도 이 일은 그녀가 가장 자랑스러워하는 업적일 것이다." 그녀를 다룬 만화책이 분명 필요할 듯싶다.

19 편지는 이렇게 계속된다. "이 책의 새 덮개를 당신이 가져다주겠다고 약속한 걸 잊지 마세요. 이 불쌍한 책은 몹시 낡아서 새 덮개가 필요하답니다." 이것은 마지막 몇 년 동안 주고받은 편지에서 배비지와 러브레이스 사이에 오갔던 "책"을 언급하는 불충분한 여러 실마리 중 하나다. 이 책에 그들은 둘 다 글을 적었던 듯하다. "책" 속 내용이 해석기관에 대한 내용이었다는 의견부터 부키의 책처럼 경마 내기에 대해서였다는 의견까지 다양한 추측이 존재한다. 나는 그것이 무엇이었을지 결코 알 수 없으리라고 예상한다.

에이다 러브레이스 백작부인은 『해석기관 개요』를 출판한 지 몇 년 후, 자궁암에 걸렸다. 러브레이스는 1851년 10월 어머니에게 편지를 썼다. "저는 이 끔찍한 투쟁이 정말이지 몹시 무서워요. 제가 바이런의 핏줄로서 늘 두려워하던 점이죠. 나는 우리가 쉽게 죽으리라고 생각하지 않아요." 늘 그렇듯이, 러브레이스는 으스스할 정도로 예지력이 있었다. 36세 생일을 두 주 앞두고 사망하기 전까지 그녀는 14개월 동안 고통스럽게 병마와 싸웠다. 플로렌스 나이팅게일은 친구에게 그녀의 죽음에 대해 이렇게 썼다. "그들은 뇌의 엄청난 활력이 없었더라면, 그녀가 절대 그렇게 오래 버티지 못했을 거라고 말했어."

The Countess of Lovelace
(Daughter of the late Lord Byron)

2장

포켓 유니버스

포켓 유니버스

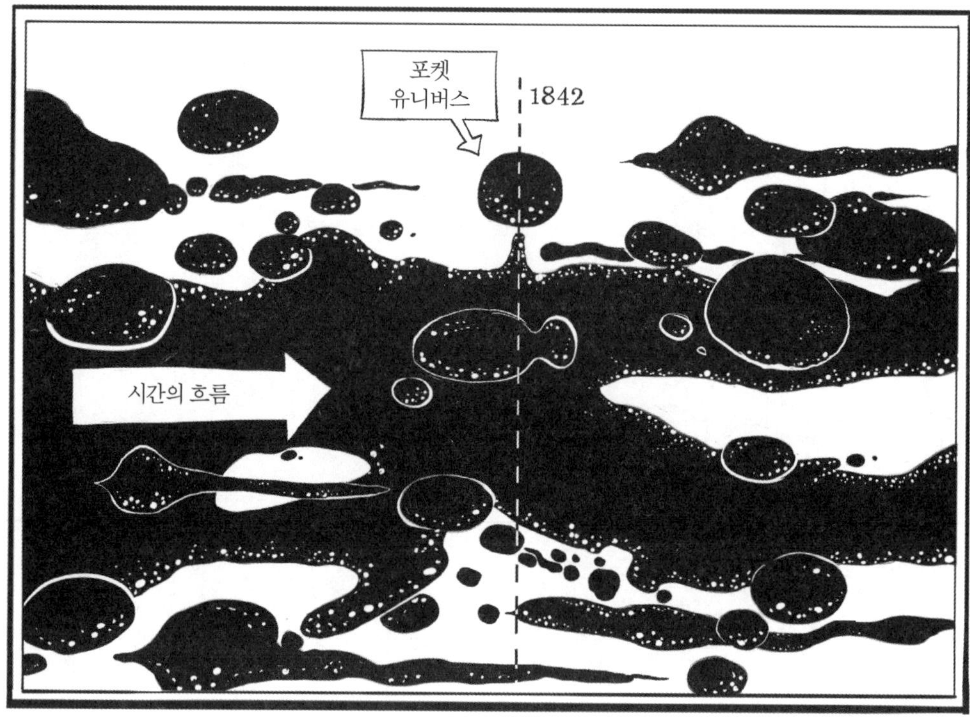

우리 지역의 다중우주

「제9차 브리지워터 보고서」에서 배비지는 다른 물리 법칙을 가진 대안우주들이 무한히 존재할 가능성을 거의 추측할 뻔했다.

> (중력) 법칙이 지금과 다르다면, 예를 들어 거리의 역수를 세제곱한 것이라면, 그 세부사항을 파악하는 데 비슷한 정도의 천재성과 노력이 여전히 필요할 것이다. 하지만 거리의 역수의 제곱과 역수의 세제곱으로 표현되는 법칙들 사이에는 무한히 많은 다른 법칙이 끼어들 수 있으며, 그 각각이 한 체계의 기반이 될 수 있다. … 이러한 법칙이 그 어디에도 존재할 수 없다는 증거는, 인간에게 아직 없다. 어떤 이유를 부여하든지 간에 각 법칙이 우리와는 다른 세상을 창조하는 기초가 될지도 모른다.

이 만화가 진행되는 포켓 유니버스는 우리 우주와는 꽤 다르며 뚜렷한 자신만의 법칙을 따른다.

1. 순환하는 시간

포켓 유니버스에서 시간은 순환적으로 흐르며, 다른 우주로부터 독립적이다.* 이것을 "Δ가 증가할수록, Δ는 감소한다"거나 "사물은 변화하면 할수록, 변하지 않는다"라는 말로 표현할 수도 있다. 나는 그렇기 때문에 포켓 유니버스에서 1=0**이 된다고 믿는다. 이는 배비지가 차분기관에서 이진법을 사용하지 않은 이유를 설명해준다. 포켓 유니버스를 창조할 때 생긴 작은 사용자 오류는 시간 고리에서 현저한 동요를 초래한다. 이는 사건의 배치에 상당한 혼란을 야기하고 또 다른 혼란 상태의 시간 현상을 일으킨다.

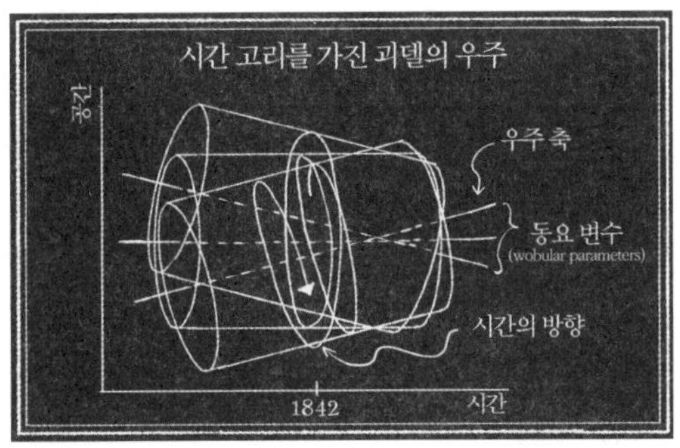

2. 정보의 보존

여기서 우주론은 우주가 궁극적으로 물질이나 에너지가 아닌 정보로 이루어져 있다고 설명한다. 예산의 한계 때문에, 시간 경찰은 포켓 유니버스를 구성하는 정보를 제한적으로 저장했고 발전된 데이터 압축 기술을 사용하여 우주 파일의 크기를 줄였다. 따라서 아래 정보들을 비롯한 데이터의 일부 유실이 허용된다.

- 우주 파일 크기를 66퍼센트 이상 줄이기 위해, 색채 정보를 폐기했다.
- 우리 우주에서는 어떠한 오락적 가치도 없는 과정에 방대한 시간이 낭비되었다. 다행히도 포켓 유니버스에서는 일련의 정지 화면들이 꽤 응집하여 기능한다고 밝혀졌다. 생략된 장면들 사이에는 지루한 비트들이 존재한다.
- 우리 우주에서는 정보가 세밀한 수준을 플랑크 길이 혹은 $1.61619926 \times 10^{-35}$미터로 정의한다. 이 정도 정보는 포켓 유니버스, 특히 배경에서는 불필요하다고 여겨진다.
- 마지막으로 총 두 공간 차원과 하나의 시간 차원에 대한 공간 전체 차원은 생략한다.

3. 오락적 가치

포켓 유니버스의 기본 법칙은 이렇게 표현할 수 있다.

$$E=mc^2$$

여기서 E는 오락적 가치를 나타낸다. 찰스 배비지와 에이다 러브레이스는 굉장한 즐거움을 주는 존재이므로 그들이 포켓 유니버스에서 가장 거대한 물체라는 사실은 그다지 놀랍지 않다. 정반대로 러브레이스의 남편인 러브레이스 경을 고려해보자. 철저한 조사 끝에 나는 그의 오락적 가치, 즉 E가 정확히 0이라고 결정했다. 그럴 경우 위의 방정식에 따르면, 그 질량이나 빛의 속도 중 하나가 0이어야만 한다. 만약 빛의 속도가 0이라면 당신은 이 만화를 볼 수 없을 터다.

---

* 이 말은 1949년에 이러한 체계의 존재를 이론화했던 쿠르트 괴델을 기쁘게 할 것이다. 그는 "닫힌 시간 고리closed time – like loops"라고 표현했다. 나는 이 말을 전혀 이해하지 못하지만 꽤나 멋지게 들린다.

** 양자컴퓨터에서 1은 실제로 0과 같다. 그것은 '큐비트'(양자컴퓨터에서 정보 저장의 최소 단위. 현재 컴퓨터가 정보를 1과 0의 값을 갖는 비트 단위로 처리하고 저장하는 것과 달리 양자컴퓨터는 1과 0의 상태를 동시에 갖는 큐비트 단위를 사용한다. —옮긴이)라 불리는 중층적 상태에서 정보를 저장한다. 이 만화에 포함된 정보의 상당수처럼 철저한 조사를 받을 때까지 이 모호한 상태가 유지되며, 그 결과 붕괴한다.

3차원 우주에서 이 만화에 접근하는 독자를 위해,
경영진은 감상 보조 도구를 제공합니다.

진품 특허권 독점 보유 2차원 안경!

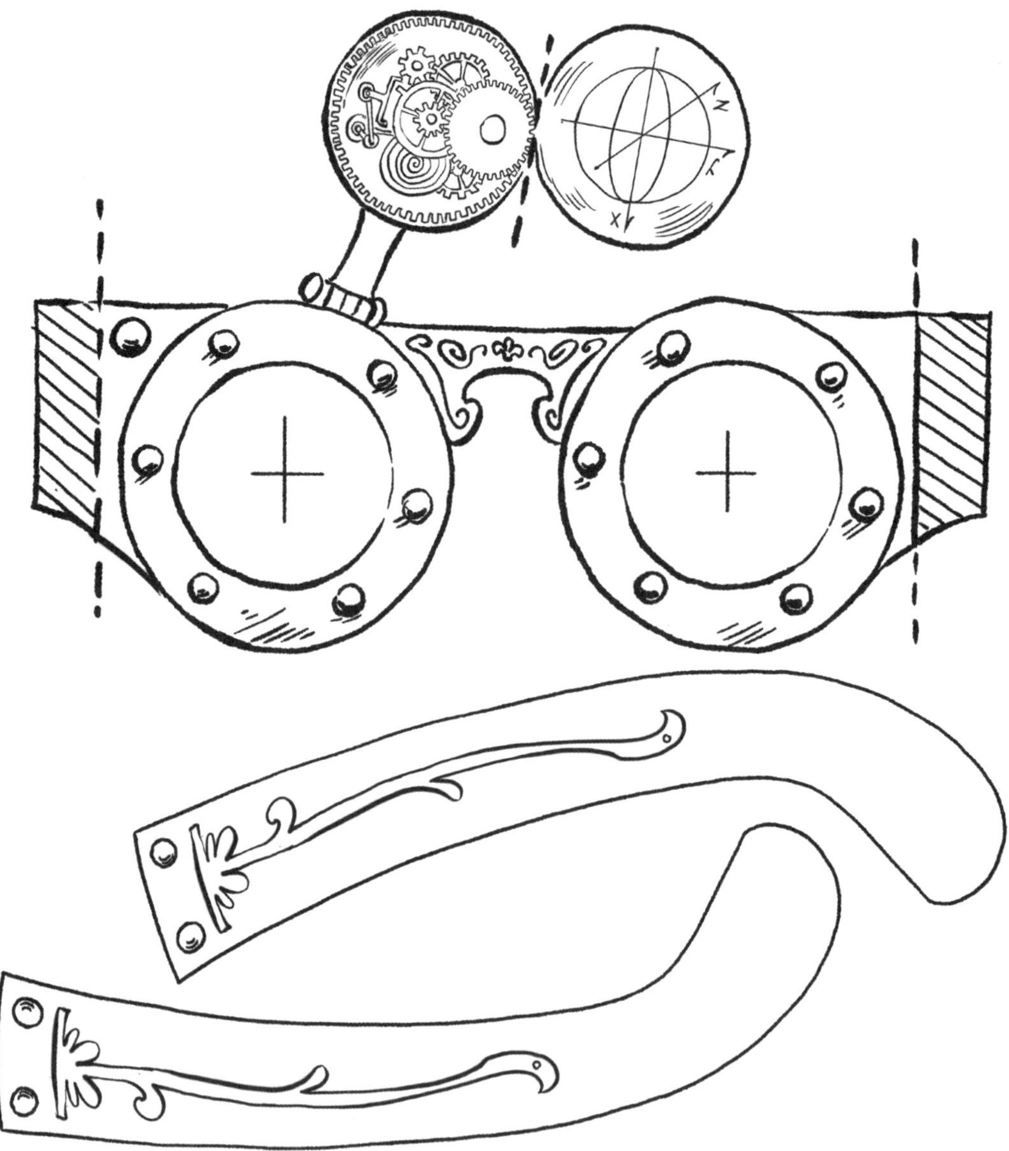

증기력은 필요 없습니다!
단지 차원 가리개를 접는 것만으로
믿을 수 없이 편평해지는 효과!

당신 눈을 믿지 못하실 거예요!

일단 2차원에서 자리를 확실히 잡으면,
1차원으로도 이동할 수 있습니다!

이 위험한 작업을
수행하려면,
3차원의 변칙들을
투사하는 데 걸리적거리는
번잡한 옷차림을
피하고 보호 의복을
입는 것이
가장 좋습니다.

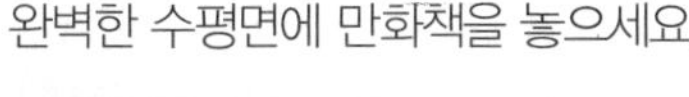

만화책과 정확히 0도가 되는
위치에서 시선을 조정하세요.

1차원에서 보이는 만화(시뮬레이션*)

---

* 이 페이지에 시뮬레이션을 나타내려면 2차원의 소소한 영향이 필요합니다.

그러는 사이…

… 포켓
유니버스에서는 …

3장

폴록에서 온 사람

폴록에서 온 사람

That s ... those caves of ice!
And all w... should see them there,
And all ... cry, Beware! Beware!
His flashing ...es, his floating hair!
Weave a circle round him thrice,
And close your e... holy dread,
For he on honey... fed,
And drunk the milk ...

후우~아.

✿ 새뮤얼 테일러 콜리지는 폴록에서 온 불가사의한 악당이 『쿠블라 칸: 꿈속의 환상』을 쓰고 있던 자신을 방해했다고 말했다.[1] 폴록에서 온 사람으로 제시된 후보자들은, 아편 밀매꾼부터 외계인까지 다양한 존재를 아우르며, 문 밖을 넘어 콜리지가 『쿠블라 칸』을 썼던 데번 주의 애쉬 농원까지 길게 이어진다. 나는 에이다 러브레이스가 최상의 후보자라고 생각한다. 그녀가 모든 시를 파괴하도록 특별히 양육됐을 뿐만 아니라 문자 그대로 그녀는 사실 폴록에서 온 사람이기 때문이다. 폴록은 러브레이스의 영지[2]에서 몇 걸음 떨어지지 않은 곳이며, 애쉬 농원은 미심쩍게도 겨우

3킬로미터 떨어졌을 뿐이다. 몇몇 사람들은 이 시가 지어지고 18년 뒤에야 그녀가 태어났다고 반박하지만 이 변칙은 포켓 유니버스에 있는 순환적 시간 고리에 생긴 특히 강력한 동요로 쉽게 설명할 수 있다.

✿ 러브레이스는 생명보험과 관련된 최신 확률 수학에서 최첨단에 있었을 것으로 보인다. 그녀는 윌리엄 프렌드와 오거스터스 드모르간, 찰스 배비지[3]에게 배웠는데 그들 모두 보험통계회사에 자문을 해준 적이 있다. 배비지의 첫

책은 사실『다양한 생명보험 제도에 대한 비교 연구』로 1826년에 출간됐는데, 나는 더 정확한 만화에 대한 지칠 줄 모르는 탐색 차원에서 그 책을 (훑어) 본 적이 있다. 나는 배비지가 이 산업의 모든 종사자에 대한 비난과 경력에 불을 지르는 불평을 먼저 꺼내지 않고서는 생명보험에 대한 글을 쓸 수 조차 없었을 거라는 데 주목한다.

✿ "마이크로몰트micromort"는 사망 위험을 측정하는 단위다. 녹색과 보라색 공 100만 개가 가득 찬 가방을 생각해보자. 당신이 어느 날 사망할 확률은 그중에서 임의로 보라색 공을 선택할 가능성으로 생각할 수 있다. 그것이 1마이크로몰트다. 예컨대 스카이다이빙은 그 가방에 죽음의 보라색 공 7개 혹은 7마이크로몰트를 더한다.(규제 개선과 연구를 위한 카네기 멜론 센터에서 인용. 죽음의 보라색 공은 맹세컨대, 그들이 사용한 용어다.)

✿ 이 개그를 그리고 나서 「뮤즈에게 치른 대가: 시인은 요절한다」(James C. Kaufman in 'Death Studies', issue 27)라는 제목으로 2003년에 진행된 한 연구를 발견하고 깜짝 놀랐다. 이 연구는 시인이 정말로 다른 작가보다 훨씬 더 젊은 나이에 사망한다는 사실을 발견했다. 시인은 논픽션 작가보다 평균적으로 6년 더 빨리 사망하며, 작가는 다른 사람보다 2년 반 정도 일찍 죽는다. 나는 직접 보험 계리 통계를 통해 주요 낭만파 시인의 평균 수명이 47.2세임을 계산해냈다.(존 키츠와 바이런은 각기 25세, 36세에 사망했으므로 이 곡선에서 벗어난다.) 시가 시인의 수명을 얼마나 단축시키는지는 당신이 그들을 1830년의 영국인 평균 수명(47.1세)과 비교하느냐 아니면 소득 상위 10퍼센트에 속하는 영국인의 평균 수명(51세)과 비교하느냐에 따라 달라진다. 콜리지는 어느 경우든 확률에서 벗어난다. 그는 61세까지 살았다.

ENDNOTES

1 콜리지 자신이 『쿠블라 칸』 서문에서 묘사했다.(나는 그가 자신을 3인칭으로 표현한 이유를 알지 못한다.)

> 깨어나자마자 그는 이 모든 일을 뚜렷이 떠올리고 펜과 잉크, 종이를 집어 기억하는 시구들을 즉시 열렬하게 적어 내려갔다. 그 순간, 불행히도 폴록에서 사업차 온 사람이 그를 불렀고 그는 한 시간 이상 붙들려 있어야 했다. 그는 자기 방으로 돌아왔을 때 여전히 이 환상의 전반적 의미를 모호하고 흐릿하게나마 다소 기억은 하지만 8개 혹은 10개의 산발적 시구와 인상을 제외한 나머지는 개울 위로 던진 돌이 만들어낸 이미지처럼 모두 사라져버렸다는 걸 그리 놀랄 것도 수치스러울 것도 없이, 깨달았다. 아아! 뒷부분을 복원하지도 못한 채!

2 어쨌든 러브레이스의 사유지 중 한 곳이다. 러브레이스 경은 런던에 대저택을 3개 가지고 있었다. 배비지는 마이클 패러데이에게 보낸 편지(부록1에 이 매력적인 편지를 수록했다)에서 애슐리 계곡을 "우체국이 있는 마을인 폴록에서 약 3킬로미터 떨어진 암석 해안에 위치한 낭만적인 장소"라고 묘사했다. 집 자체는 완전히 산산이 부서졌지만 오늘날 사우스웨스트코스트 길(영국에서 가장 긴 국립 트레일—옮긴이)이 된 지역에서 유난히 사랑스럽게 펼쳐진 이런저런 경관을 다소 볼 수 있다. 특히 당신은 러브레이스 경이 건설한 특이한 터널을 가까이에서 잠깐 볼 수 있다. 그래서 그 길로 오는 상인들은 그 경관을 훼손하지 못한다고 한다.

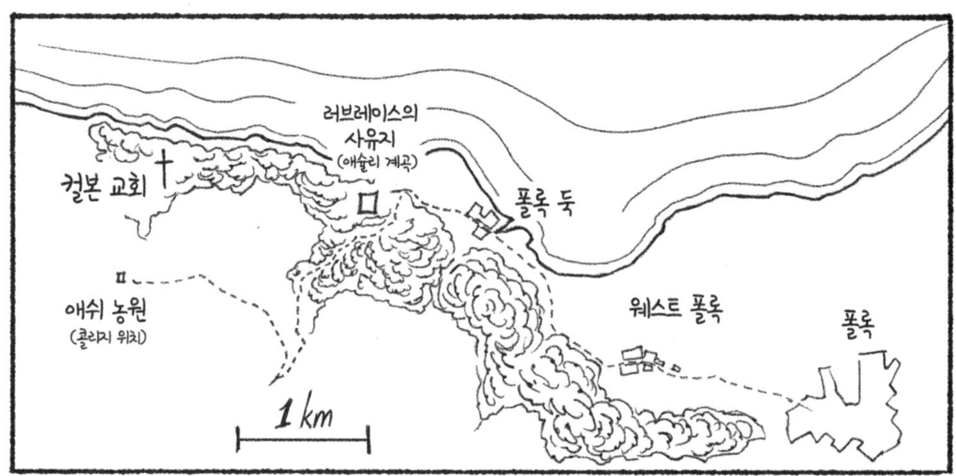

'쿠블라 칸' 사건과 폴록에 있는 러브레이스의 위치 사이 거리는 민코프스키* 시공간에서 3킬로미터×43년 혹은 1.8225×1,015미터다.

하지만 나는 지구가 이 시기에 우주를 여행한 거리를 고려하지 않았다. 그러니 전혀 신경 쓰지 말라.

3 계리수학에 대해 배비지가 한 가장 유명한 발언은 앨프리드 테니슨 경을 겨냥한 말로 1842년 그가 쓴 시 「죄의 환영The Vision of Sin」에 나오는 아래 구절에 관한 것이다.

노력해도 구원받지 못하리
그대도 죄인이기는 마찬가지니
시든 가지에 황폐한 몸통이 얽힌,
텅 빈 허수아비네, 그대와 나는!

잔을 채우자, 통을 채우자
아침이 오기 전에 술판을 벌이자
매 순간 한 사람이 죽고
매 순간 한 사람이 태어난다

배비지는 테니슨(배비지의 파티에 참석한 손님 명단에 그의 이름이 등장한다)에게 이렇게 편지를 썼다.

> 달리 썼더라면 아름다웠을 당신 시에는 "매 분마다 한 사람이 죽고, 매 분마다 한 사람이 태어난다"는 구절이 있습니다. 이 계산에 따르면 세계의 총 인구수는 영원히 균형 상태로 유지된다는 것을 굳이 말씀드릴 필요는 없겠지만, 인구가 끊임없이 늘어나고 있음은 잘 알려진 사실입니다. 따라서 저는 다음 출판 때 귀하의 뛰어난 시에서 제가 말씀드린 계산 오류를 다음과 같이 바로잡았으면 합니다. "매 순간 한 사람이 죽고 1과 6분의 1 명이 태어난다." 덧붙이자면 정확한 수치는 1.067입니다만 물론, 미터법에 양보해야만 하겠지요.

나는 이 일화를 테니슨의 시 1901년 편집판에 실린 각주보다 더 이전 시기까지 추적해볼 수 없었지만, 테니슨이 1850년에 "매 분마다 한 사람이 죽는다"라는 시구를 해석의 폭이 넓은 "매 순간 한 사람이 죽는다"로 바꾼 것은 사실이다. 확실히 배비지다운 일화다. 나는 배비지가 지금 농담을 하는 건지 아닌지 판단하기 극히 어려운 순간이 종종 있었을 거라고 생각한다.

「죄의 환영」은 배비지의 이야기에서 더 많은 역할을 수행했다. 해독이 불가능하다고 알려진 비즈네르 암호를 자신은 풀 수 있다고 단언한 배비지에게 암호학자 존 스웨이트가 도전하며 암호화한 글이 바로 이 시였다. 물론, 배비지는 이 암호를 푸는 데 성공했다!

---

* 헤르만 민코프스키(1864~1909)는 아인슈타인의 상대성 이론을 1차원 공간의 기하학으로 전환해 표현했다. "이제부터 공간 그 자체와 시간 그 자체는 그저 어둠 속으로 서서히 사라질 수밖에 없으며, 오직 두 공간의 결합만이 독립적인 현실을 보존해줄 것입니다."

4장

러브레이스와 배비지 vs. 의뢰인!

COMMAND PERFORMANCE!!!

LOVELACE & BABBAGE

VS.

by the Grace of GOD Her Majesty the

CLIENT!

Her Majesty to be accompanied by His Grace the

DUKE OF WELLINGTON, KotB., KotG., F.R.S., KGC, etc.

With amusing scenes performed by the Company

* Crash of the Calculi. * Percussive Maintenance. * Mr. Babbage's Remarkable Cheese Story. * An Encroachment of Footnotes. *

The performance to conclude with the Lively FARCE,

PRIMARY DOCUMENTS.

R.

Drawn by A.E. Chalon, R.A.
Engraved by H.T. Ryall.

결혼식 날의 빅토리아 여왕, 석판 인쇄, 1840년.
이 그림이 다소 친근해 보인다면, A. E. 샬롱의 작품이기 때문이다.
그는 43쪽에 실린 러브레이스 부인의 초상화를 그린 키치 화가와 동일 인물이다.

차분기관 … 동굴 같고 미로처럼 복잡한 이 위대한 계산기는 어떤 인간의 지력도 도달한 적 없는 복잡하고 무궁무진한 연산을 생산해낸다! 톱니바퀴와 깔쭉톱니바퀴, 볼트와 치아 모양의 물건, 갈고리, 레버와 쐐기, 나사 등 온갖 종류의 기계 부품이 어마어마한 개수로 돌아간다. 그 목록을 보면 정신이 혼란해진다.
불가사의한 전 메커니즘은 불과 물이라는 원소가 떠들썩하게 결합하며 만들어낸 막강한 힘에 의해 움직인다. 인류의 창의력이 생산한 동력은 바로…
…증기다!

✿ 차분기관에 대한 위 묘사는 1841년 판 〈더 새터데이 매거진〉에서 부분적으로 발췌했다. 이 묘사는 이 만화책에 쓰인 장황한 용어들이 빅토리아 시대의 과장된 표현에 얼마나 많이 빚지고 있는지 보여준다.

차분기관 2호(과학박물관에 전시된 배비지의 최종 설계)는 인쇄기를 고려하지 않아도, 움직이는 부품들이 4,000개 이상이었다.

✿ 1848년 러브레이스가 배비지에게 보낸 편지:

> 친애하는 배비지 씨,
>
> 저는 아직도 리안은 25일, 당신은 18일로 요청을 받은 사실을 당신에게 납득시키지 못했네요. 당신이 이 둘

을 혼동하는 이유를 상상할 수 없어요! … 우리는 당신이 18일을 지키도록 만들 거예요. 하지만 당신이 25일에도 오길 원하신다면, 그렇게 하세요. … 당신은 얼마나 이해하기 힘든 철학자인지! … 제 첫 번째 주석에서 그것을 명확히 설명했어요. … 왜 그것을 뒤섞으셨나요?

✿ 찰스 배비지가 십진법 달력을 정말로 시도했을까? 물론 아니다. 그는 완벽히 합리적인 이유로 십진법 통화를 지지했다. 1790년대 프랑스 혁명 당시 이성적 시대의 시민들은 십진법적 시간과 더불어 십진법 달력을 환영했다.

✿ 배비지의 일화로 가득 찬 보고인 크로스 부인의 『내 인생의 축일』은 맨체스터 광장에 있던 배비지의 대저택을 이렇게 묘사한다. “런던의 집 치고는 크고 무질서하게 뻗어 있으며, 널찍한 거실이 여러 군데 있는데, 응접실을 제외한 나머지에는 책과 문서와 도구들이 혼란스러운 모습으로 가득 들어차 있다. 그러나 철학자는 모든 사물의 어디에 손을 대야 할지 알았다.” 원래의 건물은 슬프게도 허물어졌지만 런던, 메릴본의 도싯 1번가에는 그 위치를 기념하는 명판이 있다.

흠… 러브레이스, 잠시만 여기로 올라와 줄 수 있어요?

✿ 바이런 경은 생전 한 번도 만나보지 못한 딸에 대해 이렇게 말했다. "그 아이는 성질이 극단적으로 폭력적이라고 합디다. 그렇소? 혈통을 고려할 만하군요. 내 성질이 바로 그렇잖소. 아마도 당신이 예측하듯이 말이오." 나는 그가 이 편지를 썼을 때, 에이다가 여섯 살, 절제력이 없는 나이였다고 생각한다.

✿ 아래 칸에 묘사된 상황은, 비턴 부인이 알려준 관례대로 하인이 오전 이른 시간과 늦은 시간의 직무 사이에 옷을 갈아입다가 잡혀온 것을 보여준다.

하느님의 가호 아래, 영국의 통치자이시고…

✿ 등장을 알리며 하인이 암송하는 칭호 목록을 '직함'이라고 한다. 여기서 내가 누락시킨 여왕 폐하의 직함은 인도 여제다. 그녀의 집권 초기에 이 이야기가 진행되기 때문이다. 만약 이 만화가 1876년 이후를 배경으로 한다면 여제라는 칭호도 붙었을 터다. 또 이 만화가 소비에트 러시아 시절을 배경으로 한다면 그녀는 빅토리아 동지라 불리며 총살당했을 것이다.

✿ 웰링턴 공의 직함은 50개 넘는 칭호와 서훈들 중에서 아주 작은 일부분이다. 기사단 직함은 로마 교황청에서 승인을 받는데 최근 가짜를 조심하라는 포고령이 내려졌다. 여기 코펜하겐 직함은 합법적인 것이라고 생각된다.

✿ 빅토리아가 총애하던 벤저민 디즈레일리 총리는 우리의 친애하는 여왕을 응대하는 최상의 방법을 귀띔해준 바 있다. "아부를 싫어하는 사람은 없다. 그러니 여왕을 알현할 때면 과장되게 아부하라."

태어날 때부터 유명인사였고, 억압되고 고립된 어린 시절을 보냈으며, 강조할 때 단어에 밑줄을 긋는 버릇이 있다는 점에서, 빅토리아 여왕은 에이다 러브레이스와 공통점이 좀 있었다. 그러나 그들은 서로 잘 지내지 못했다. 러브레이스는 여왕을 조심스럽게 이렇게 묘사했다. "그녀는 어떤 면에서는 확실히 까다로워 보입니다."

귀족으로서 제대로 자란 러브레이스는 여왕의 호칭을 처음에는 "폐하", 그 후에는 "마마"라고 정확하게 부른다.

✿ 러브레이스는 실제로 무한차원 기하학에 대해 깊이 생각했다. 그녀는 가정교사인 오거스터스 드모르간에게 이런 편지를 썼다. "대수학이 3차원 기하학에 이를 때까지 비슷하게 확장돼야 한다고, 또 어쩌면 다시 어떤 미지의 영역까지 확장되고 그렇게 계속 아마도 끝없이 확장될 것이라고, 생각하지 않을 수 없습니다!"

아일랜드의 수학자인 윌리엄 로언 해밀턴은 1830년대에 복소수를 '대수적으로 확장'시켜 대수학을 2차원 필드와 연결시켰다. 러브레이스가 위 편지를 쓴 지 몇 년 뒤, 해밀턴은 기하학을 3차원이 아닌 4차원으로 확장시킨 '사원수'를 발명하며 '추가적인 확장' 문제를 해결했다.

이건 어떻게 작동하지?

✿ 러브레이스는 1833년에 어머니에게 쓴 편지에서 자카르 직기에 관해 이렇게 말했다. "이 기계는 제게 모든 기구 중 최고인 배비지의 기관과 그를 떠올리게 합니다." 나는 이것이 배비지의 기관과 천공카드를 최초로 관련지은 글이라고 믿는다.

✿ $\Delta^7U_z = 0$은 배비지의 자서전에 따르면, 차분기관이 방대한 숫자들을 계산해내는 공식이다.

✿ 러브레이스의 말은 『해석기관 개요』에 있는 그녀의 주석에서 인용했다.[1]

✿ 여왕이 한 질문은 배비지가 자신의 기관에 대해 받는 질문들 중 가장 싫어하는 것으로, 때때로 그는 이 질문을 '숙녀들'과 '의회 의원들'이 하는 질문이라고 말했다. 그는 이에 대해 종종 여기 인용된 그대로 답변했다.

✿ 러브레이스의 말은 『해석기관 개요』에 있는 그녀의 주석에서 인용했다.

✿ 나폴레옹 3세와 결혼한 유제니 황후는 빅토리아가 앉을 때 뒤에 의자가 놓였는지 결코 살피지 않는 모습을 보았다. 뒤에 의자가 나타날 것이라고 철썩 같이 믿기 때문이었다. 의자 사례는 완두콩 이야기(두꺼운 매트리스 아래 놓인 완두콩의 존재를 느끼는지 여부로 공주를 가려내는 시험 이야기—옮긴이)처럼 진짜 공주를 알아내는 확실한 테스트다.

✿ 말릴 만한 뭔가를 배비지가 출판하기 전에 많은 친구들이 빈번히 그의 정강이를 찼지만 아무 소용이 없었다. 친구 허셜은 배비지가 쓴 『영국의 과학 쇠퇴에 대한 숙고』(『정말 중요한 사람들로 이루어진 친애하는 영국학술원에게: 당신들 모두 타락한 천치입니다』로도 알려진)의 원고를 읽자마자 이렇게 썼다. "내가 자네 곁에 있었다면 도움이 될 만한 모욕을 줬을 텐데 안타깝군. 물론 자네에게 상처를 주지 않고도 그 일을 할 수 있고 자네가 더 강력히 되갚지 않으리라 생각했다면 말일세."(『철학자의 조찬 모임』, Laura J. Snyder, 2012, p.132에서 인용)

이 기계장치로 우리는
이제 아주 복잡한 분석 작업을
무제한 수행할 수 있습니다!

폐하, 소개 올립니다.

차분기관입니다!

덜컹!

✿ 무너진 컴퓨터에 대한 첫 번째 우스개는 〈블랙우즈 에든버러 매거진〉 1862년 호에 실렸는데, 배비지의 가상의 계산기에 대해 드물게 긴 환상적인 내용을 포함하고 있다.

그는 기계 상태가 괜찮음을 확인한 후, 바짝 나사를 조였다. 모든 일이 잘 돼가는 듯했다. 그때 큰 소리가 들렸고 계기판 맨 끝 부분에서 수백만에 달하는 터무니없이 높은 수치가 표시되며 모든 작동이 멈췄다. 배비지 씨는 충격에서 회복되자마자 기계 내부를 가까이 들여다보고 미적분 기기가 모두 무너졌음을 발견했다.

몹시 흥미진진한 전문은 부록1에 수록돼 있다.

탕!! 탕!! 탕!! 탕!.. 탕!.. 탕! 탕! 탕! 탕!...
항상 저런답니다.
저런 적이 없어요!
문제가 있나요?

전혀요, 마마! 문제랑은 거리가 멀지요.
사실 이 기관의 가장 기발한 특징 중 하나가
안전장치가 있고 즉각 작동하는
자동 정지장치가 있는 점이랍니다!
오오오!

평상시처럼 훌륭히 해명하시는군요,
아름다운 해석자 님!
단지 당신의 총명함을
전달했을 뿐이죠, 배비지 씨.
우리는 정말 천재예요!
맞아요!

✿ 러브레이스의 말은 상당 부분 사실이다. 차분기관은 오류를 일으키기보다는 작동 자체를 멈출 것이다. 즉 그 기관은 어느 한 부분이 약간이라도 설계와 어긋나면 기계 전체가 작동을 거부하도록 만들어졌다. 만약 작은 부품들이 서로 얽혀도 작동을 멈췄을 것이다. 캘리포니아 컴퓨터역사박물관에 있는 장치는 고장이 다소 많이 난다고 들었다.

배비지는 해석기관도 마찬가지로 모든 부분이 완벽하게 작동하지 않으면 즉시 멈추도록 설계했다. 이런 점에서 이 기관은 배비지 자신과 다소 닮았다.

✿ 찰스 배비지의 자서전에는 기이한 이야기들이 많이 실려 있는데 아마도 가장 이상한 일화는 불가사의한 속성을 띠는 단단한 팽창우주에 사는 존재들에 대한 연속적인 긴 꿈일 것이다. 여러 여담을 늘어놓은 결과, 포켓 유니버스에 살고 있는 이 종은 글로스터 치즈 한 조각이며, 그 문화를 상세히 묘사했던 거주민은 빅토리아 시대의 치즈에서 흔히 나타났던 작은 곤충인 치즈가루 진드기로 밝혀진다. 이 이야기는 사실 과학소설에 대한 정교한 풍자이지만 나는 여전히 찰스 배비지에게 이 이야기가 당신 자서전과 무슨 관계가 있는지 묻고 싶다.

✿ 배비지가 정말로 자기 기관에 '오류wrong' 팝업창이 뜨도록 설계했을까? 물론이다!

> 만약 수행원이 어떤 실수라도 저질러서, 잘못된 로그가 뜻하지 않게 엔진에 입력되면, 기관은 실수를 발견해내고 관련 지점을 보지 않는 안내자의 주의를 끌기 위해 벨 소리를 더 크게 울려서 그가 방금 입력한 로그 위로 "오류"라는 단어를 새긴 경고 창을 띄울 것이다.(『1851년의 박람회』 중에서)

그는 몇 년 후 이 벨소리가, 분명히, 가상의 조수를 상당히 만족시킬 만큼 '지속적'일 것이라고 묘사했다. "이 기관은 요구되는 지적인 양식이 정확히 공급될 때까지 큰 벨소리를 계속 울리고 작동을 멈추는 방식으로 잘못된 카드를 항상 거부할 것이다."

✿ 이 부분에 대해 다룰 사실이 많지 않아서 배비지의 치즈 이야기를 더 하려고 한다. 나는 독자 레이 기브랑에게 큰 신세를 졌다. 그는 이 이야기가 극히 좁은 틈새시장을 차지하던, 치즈 진드기를 주연으로 한 빅토리아 시대의 신학적인 풍자 장르에 기여한 초창기의, 어쩌면 최초의 작품이었으리라는 점을 지적해주었다. 아서 코넌 도일 경의 시 「우화A Parable」는 이에 대한 간결하지만 함축적인 사례를 제공한다.

치즈 진드기들이 어떻게 치즈가 거기에 놓이게 되었는지 물었지.
그들은 그 문제로 열렬히 토론했어.

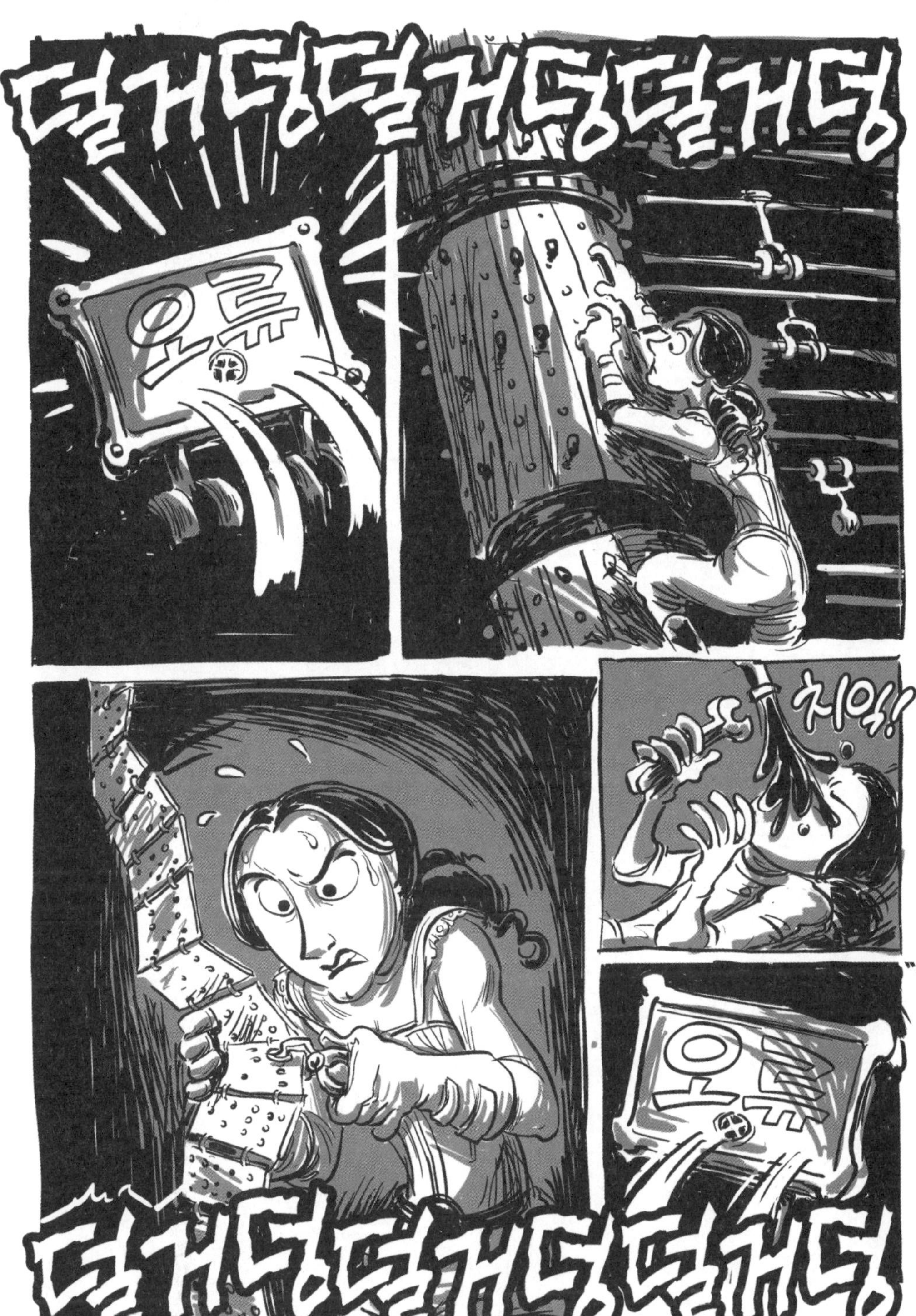

정통파는 공중에서 왔다고 말했지.
이단파는 접시에서 왔다고 말했지.
그들은 오랫동안 다퉜어. 심하게 다퉜지.
지금도 그들이 다투는 소리가 들린다네.
하지만 치즈 속에 살던 이들을 선동하던 선택지 가운데,
소에 대한 얘기는 없었지.

치즈 진드기 우주론은 아마도 두 주인공의 가까운 친구이자 괴짜 아마추어 과학자인 앤드루 크로스(1784~1855)의 실험에서 유래한 듯하다.(그의 두 번째 아내가 배비지와 러브레이스의 일화를 약간 담은 회고록 『내 인생의 축일』을 쓴 크로스 부인이다. 부록1에 관련 내용이 수록돼 있다.) 1830년대에 크로스는 자신이 전기 실험에서 생명을 창조했다고 기술하여 악명을 얻었다. 그는 자신의 장비에 나타난 형태를 "꼬리를 이루는 짧고 뻣뻣한 털 몇 가닥으로 꼿꼿이 서 있는 완벽한 곤충"으로 묘사했다. 언론은 크로스를 새로운 프랑켄슈타인 사례로 선언하며 신이 나서 떠들어댔지만 동료 과학자들은 그를 미심쩍어했다. "그의 과학에는 체계성이 거의 없어 보여." 회의적인 러브레이스 부인은 그의 점심과 실험이 혼동된 것은 아닐지 의심했다.

✿ 치즈 이야기에서 들을 만한 대목은 사실 도표다.

✿ 에이다 러브레이스는 오류를 검출해서 제거하는 과정에서 정말로 욕을 했다. "이 일은 젠장맞게 골치 아픈 일이고 나를 괴롭히기 때문에… " 또 배비지가 그녀의 주석 한 개를 잘못된 위치에 달았을 때에는 "거의 당신에게 욕할 뻔했어요. 용납하셔야 해요"라고도 말했다.

✿ 분명히 말하지만, 배비지가 차분기관을 위해 설계한 놀라운 프린터는 오늘날 프린터처럼 한 줄씩 인쇄하지 않았다. 이 프린터는 한 번에 전체 페이지의 활자를 조립한 뒤 종이 위나 부드러운 물질에 대고 눌러 그 형을 떴다.

✿ 인쇄된 표는 1834년에 배비지가 꼼꼼하게 오류를 확인했던(사람이 만든 것이지만) 대수표 책에서 인용했다. 평상시의 철저함으로 그는 가독성을 가장 높이는 조합을 찾아내기 위해 검은 종이 위에 검은 잉크(×), 하얀 종이 위에 하얀 잉크(×), 하얀 종이 위에 검은 잉크(○)를 비롯하여, 다양한 색채의 종이에서 다양한 색채의 잉크를 시험했다.

✿ 빅토리아 여왕의 유명한 명언은 앤드루 랭의 『사라진 지도자들』에서 1889년에 처음으로 등장한다. 영리하게도 누가 그 말을 했는지는 명시하지 않았다.

"짐은 즐겁지 않소."

언젠가 한 위인은 어떤 재담가가 위험한 일화를 과감히 얘기했을 때 위와 같이 말했다고 한다.

✿ 배비지의 말은 『영국의 과학 쇠퇴에 대한 숙고』에서 발췌했다.

배비지의 출판물에 대한 논평들은 종종 그 출판물만큼이나 재미있다. 나는 〈에든버러 저널〉이 『영국의 과학 쇠퇴에 대한 숙고』에 보인 분노 반응을 좋아한다. "유럽에서 가장 오래됐고 따분하며 가장 존경할 만한 과학 협회에 이러한 혹평을 가한 이유를 우리는 전혀 이해할 수 없다."

✿ 빅토리아 시대의 천공카드에 천공을 뚫는 어려운 임무는 대부분 헌신적인 기계들이 수행했다.(부록2 참조)[2] 하지만 러브레이스는 비상시를 대비해 소형 천공기를 지니고 다녔다. 컴퓨터 조작에 천공카드를 처음으로 사용한 허만 홀러리스는 러브레이스가 위에서 들고 있는 것 같은 기차표에 뚫린 구멍에서 영감을 받았다. 1898년, 미국 인구조사를 분석하는 데 사용된 최초의 천공카드는 수작업으로 구멍을 뚫었으며, 결국 조작자들은 현대의 컴퓨터 노동자들에게는 꽤 친숙한 병인 반복성 긴장 장애에 걸렸다. 그리하여 홀러리스가 키보드 천공기를 발명할 필요가 생겼다.

✿ 러브레이스 부인은 이 기관이 '수행하도록 지시 받은' 일만을 할 수 있다고 단언했다. 20세기의 위대한 컴퓨터 사용 이론가인 앨런 튜링(1912~1954)은『계산 기계와 지성』에서 이렇게 주장한다.

러브레이스 부인의 반대. 배비지의 해석기관에 대해 우리가 아는 가장 상세한 정보는 러브레이스 부인이 작성한 논문에서 얻는다. 거기서 그녀는 말했다. "해석기관은 어떤 것도 **고안하는** 체하지 않는다. 우리가 수행을 지시하는 방법을 아는 한 그것은 무엇이든 할 수 있다."(강조는 러브레이스 부인이 한 것이다.) … 기계가 뜻밖의 일을 할 수 없다는 관점은, 내가 생각하기에는, 철학자와 수학자들이 특히 빠지기 쉬운 잘못된 생각에서 기인하는 듯하다.

✿ 배비지는 영국 정부의 주요 인물들에게 거침없이 호통을 쳤다. 그는 로버트 필 수상에게 30분 동안 큰소리로 불평을 늘어놓은 적도 있다. 그가 그 만남에 대해 설명한 내용에 따르면, 그는 다른 과학자들이 자신을 질투한다는 말부터 시작했다고 한다. 자신에게 아무런 조건도 없이 엄청난 거금을 준 정부가 자신을 부당하게 대우하고 있다고 단언하면서 말이다. 그러고는 요컨대 소리 지르는 것 빼고 모든 일을 했다. "그들은 대학에서 나를 비웃었소, 하지만 당신은 알게 될 거요. 당신들 모두 알게 될 거요!" 그러고 나서 미친 듯이 웃음을 터뜨렸다.

이 만남에서 해석기관에 대한 지원금을 얻어내는 일에는 실패했다.

✿ 컴퓨터는 발명되자마자 거의 곧, 제한적이나마 보유한 모든 방법을 동원해서 스스로를 예술적으로 표현하길 갈망했다. 컴퓨터가 생산한 첫 번째 예술은 고양이는 아니었고, 다른 훌륭한 대체품인 섹시한 숙녀였다. 이 그림은 1958년에 아이비엠이 해안선 지도를 그리려고 고안해낸 프로그램으로 윤곽을 표현한 것이다. 1960년대까지 소비에트 연방은 움직이는 고양이를 컴퓨터로 인쇄하여 출력하는 일급비밀 프로그램으로 몸값을 높였다.

해석기관은 숫자로 이루어진 새끼고양이를 인쇄하는 일보다는 더 많은 능력이 있었을 법하다. 심지어 더 고차원적인 것도 열망할 수 있었다. 배비지는 해석기관이 도식화 기능을 갖추길 원했다. 따라서 해석기관은 섹시한 숙녀 역시 그릴 수 있었을 가능성이 있다.

하지만 여기엔 오류가 가득해요!!
이 기관은 이 고양이들을 다양한 크기와 종류로 만들어낼 수 있습니다, 전하!
나비야!
아주 멋져!
이 경이로운 기구에 대한 자네들의 위대한 작업을 치하하는 뜻으로, 배비지 씨, 짐은 그대에게 기사 작위*를 내리게 되어 기쁘오.
* 교황파 체계의 기사 작위. 제3급.
"교황파"의…
글쎄요, 제가 얼간이들을 상대하는 경이 될 수 없다면, 거절합니다!
뚝!

✿ 셜록 홈스처럼, 배비지는 한때 기사 작위를 거절했다. 홈스가 작위를 거절한 이유는 알려져 있지 않지만 배비지는 자신의 이유를 매우 강경하게 밝혔다. 그 기사 작위가 잘못되었다는 것이다. 그는 교황파의 훈장을 수여하는 일을 "외국" 훈장에게 "모욕당한" 일이라고 표현했다. 굉장히 복잡하고 극히 지루한 이유로, 교황파 훈장은 "경"이라는 경칭이 붙지 않는 특수한 기사 작위였다.(그래서 그는 얼간이들을 상대하는 경이 될 수 없었다.) 교황파 훈장의 역사를 총망라한 내용과 과학자들, 그 중에서도 특별 초청 스타로서 배비지에게 기사 작위를 수여한 간략한 이력에 대해서는 2013년에 〈천문학 역사 저널〉에 실린 앤드루 햄햄과 마이클 호스킨이 쓴 「허셜 기사 작위: 사실과 허구」를 참조하라. 지금까지 세상 어디에도 만화가에게 이보다 더 고마운 비명을 지르게 한 학술 논문은 없었다. 이 논문을 발견하기 전까지는 배비지가 무엇을 "외국의" 교황파 훈장과 "모욕"의 근거로 삼고 있는지 짐작할 수 없었다.

✿ 러브레이스의 말은 1843년 8월에 그녀와 배비지의 관계가 끝장난 사건에서 인용했다. 그녀는 바이런 부인에게 이렇게 썼다. "저는 배비지 씨의 당황스러운 행동 방식에 매우 지치고 압박 받았어요. 우리는 사실 다툰 상태예요. 제가 알고 있는 사람들 중에서 그가 가장 고집 세고 이기적이며 무절제한 사람 중 한 명이라는 결론에 도달하게 되어 유감이에요."

언쟁의 중심은 해석기관에 대한 러브레이스의 번역과 주석, 정부의 차분기관 재정 지원에 관한 배비지의 멈출 수 없는 분노였다. 『해석기관 개요』가 출판되기 한 달 전, 배비지는 몰래 이 논문의 서문에서 정부에게 입은 상처와 분노를 표출하려 했다. 문제는 배비지가 서문을 실었다는 사실이 아니라 그가 이 서문을 메나브레나 번역자 혹은 불가사의한 제3자가 작성했다는 인상을 주기 위해 서명도 없이 『해석기관 개요』에 섞어 넣으려 했다는 사실이었다. 고백하지만 그가 이 일이 도움이 될 것이라고 생각한 이유가 뭐였는지 모르겠다. 해석기관에 대한 고도의 기술적 논문을 읽는 데 관심이 있는 사람이라면 서문의 매 줄마다 드러나는 배비지의 목소리를 아마도 인식 못할 수도 있다. 이 서문이 과학계에 있는 사람이라면 누구나 그로부터 직접 최소한 12번 이상은 들었을 주장을 거의 그대로 반복하고 있기 때문이다.

러브레이스는 기겁해서 그에게 편지를 썼다. "저는 당신의 가장 친한 친구라고 확신해요. 하지만 제가 보기에 그 자체로 옳지도 않을뿐더러 자살행위로 보이는 원칙에 따라 당신이 행동하는 건 지지할 수도 없고 지지하지도 않을 거예요." 배비지는 "몹시 화가 나서" 논문 전체의 철회를 요구하러 〈왕립학회 철학 회보〉의 편집자에게 갔다. 아니 보다 정확히 말하면, 러브레이스에게 보낸 편지에서 그렇게 말했다. "당신이 편집자와 한 어떤 약속을 내가 깨고 싶어했다면서 당신은 나를 부당하게 대했소. 나는 당신이 그에게 논문 철회를 요청하길 원했소. 편집자가 영국에 있었더라면 내 요청에 응해 *그*가 저널에 내 답변서를 싣든가 아니면 논문 인쇄를 그만두었을 거라고 생각하오." 나는 엄청난 천재 발명가가 아니라 그저 변변치 않은 만화가에 지나지 않는다. 그것이 이 특별한 상황을 이해하기 어려운 이유일 것

이라고 추측한다. 러브레이스는 결국, 배비지의 승인 없이 자신의 논문을 출판했고 그를 화나게 만들었다.

✿ 배비지는 이 괜한 법석이 벌어지는 와중에 러브레이스가 보낸 거창하고 때때로 불안정한 편지에 대한 반응으로 "모든 조건을 거절했다." 이 편지에서 러브레이스는 이렇게 말했다. 하나, 당신은 세상에서 가장 성가신 사람이며 앞으로 백만 년 동안 그 누구도 당신과 함께 일할 수 없을 거예요. 둘, 다음 조건으로 해석기관을 같이 구축합시다!

1) 모든 대외 업무는 제가 처리할게요. "동료 혹은 그들과의 관계에 수반하는 모든 실질적인 문제에 대해 내 판단(혹은 우리 의견이 다를 때마다 이제 당신이 중재자로 지정하길 원할지도 모르는 다른 사람의 판단)을 온전히 준수하는 데 동의해 주세요."

2) 당신은 제게 "지적인 도움과 지도를 해주세요."

3) 사업적 측면은 당신이 임명한 위원회와 제가 인계받겠어요. 당신은 해석기관에 완벽을 기하는 일에 집중하세요. 배비지는 편지 여백에 "오늘 아침 에이다 러브레이스를 보고 모든 조건을 거절했다"고 적었다. 정말 유감스런 일이다! 찰스 배비지보다 더 절실히 사업 관리자가 필요한 사람은 역사를 통틀어 거의 없다. 비록 러브레이스도 자신만의 문제가 있었지만 결국 이 일로 인해 해석기관은 완성되지 못했다.

그들은 상당히 빠르게 상황을 수습한 듯하다. 몇 주 후, 배비지가 데본셔에 러브레이스를 만나러 가는 길에 그녀에게 유명한 별명을 헌정하는 편지를 썼기 때문이다. "이 세상과 모든 시름들, 가능하다면 세상의 무수히 많은 협잡꾼들을, 요컨대 숫자의 마법사를 제외한 전부를 잊으러."

배비지는 관대한 사람이 아니었다. 그래서 그가 이 반역죄에 대해 러브레이스를 아주 완전히 용서할 수 있었을지 궁금하다. 러브레이스의 여생 동안 그들이 주고받은 편지는 오히려, 그들의 우정이 전보다 더 가까워졌음을 보여준다. 늘 유용한 정보를 주는 크로스 부인의 『내 인생의 축일』에 기록된 배비지의 회고를 보면, 그는 불쌍한 찰스 휘트스톤에게 이 모든 사건의 책임을 전가하여 러브레이스에게 느낀 서운한 감정을 떨쳐낸 것으로 보인다. 휘트스톤은 동료 과학자이자 두 사람 모두의 친구였으며 러브레이스에게 번역 프로젝트를 맨 처음 제안한 사람으로 여겨진다. 휘트스톤은 논문 교정 일을 좀 했으며, 논문 출판업자들과 함께 다른 업무도 처리했다.

> 배비지는 늘 불만이 많았다. 그의 친구이자 제자인 러브레이스 부인에 대한 화제조차도 그가 휘트스톤과 러브레이스 부인의 다른 친구들과 벌였던 성난 논쟁을 언급하지 않고는 다룰 수 없었다. 그들은 배비지가 러브레이스의 출판물을 자신의 비탄을 전달할 수단으로 삼는 데 반대했다. 그는 우리에게 전체 이야기를 들려주었지만 나는 여전히 배비지 씨가 잘못했다고 확신한다.

나는 크로스 부인에게 동의한다.

✿ 배비지가 왜 자신이 "외국의" 기사 작위 제안에 "모욕을 받았다"고 느꼈는지 이해하려면 19세기 전환기의 하노버 왕가와 살릭 법의 역사를 철저히 조사할 필요가 있다.

교황파의 훈장은 나폴레옹 전쟁 이후 세워진 새로운 하노버 왕국을 위한 서훈 체계로 1815년에 수립되었다. 이 훈장은 하노버 왕가의 정부에서 관리되었지만 하노버의 왕이기도 했던 영국 왕이 수여했다. 당시 영국의 왕은 실제로 독일인이었다. 1837년, 빅토리아 여왕이 왕위에 올랐을 때, 그녀는 살릭 법의 지배를 받던 하노버의 여왕이 될 수 없

었다. 살릭 법으로는 여자가 왕위
를 계승할 수 없었다.(대신 그
녀는 앞서 하인이 적절하게 부
른 직함에서처럼 하노버의 여
의 훈장을 수여하는 일이
못된, 부정확한 일이었
때 훈장 수여를 승인
로 되돌아갔기 때
장은 조지 3세의
오거스터스를
어갔다. 1816년
란스러운
과학자는
는 윌리엄

대공이 되었다.) 그래서 처음에는, 여왕이 교황파
시대착오적이며 완전히 잘
다. 그녀가 왕위에 올랐을
하는 일이 하노버 왕가에게
문이다. 그 뒤 교황파의 훈
여덟 번째 자식인 에른스트
시작으로 왕의 관할 아래 들
교황파 훈장의 복잡하게 혼
상황에 휘말린 최초의 영국
윌리엄 허셜이었다. 때로 그
허셜 경이라고 잘못 불린다.

1831년, 휘그 정부는 국가에 공훈을 세운 신흥 과학자 중 탁월한 몇몇을 예우하고자 했다. 그들은 교황파 훈장이 가장 좋은 수단이라고 결정했고 영예의 일곱 과학자에게 그 소식을 알렸다. 발송자(다른 사람들처럼 혼란을 일으킨)는 편지에 교황파 훈장이 그들에게 (문자 그대로) 부여하지 않는 '경'이라는 칭호를 잘못 적었다. 항상 명명 규칙에 엄격했던 배비지는 실수를 발견하고 수상을 거절했으며 나아가 자신이 "모욕 받았다"고 널리 선언했다. 적어도 나는 그 해의 〈유나이티드 서비스 매거진〉을 읽고 그렇게 이해했다.

배비지 씨는 다른 무엇보다 인간 지성의 산물에 가장 가까이 도달한 기계(인간조차 기계의 작용에 길들여진다는 충격을 주는, 세상의 경이로운 물건 중 하나인)를 기획한 뒤, 그것을 거기 들인 노력에 비해 저렴하게 정부에 팔았으며, 가장 직급이 낮은 장식용 훈장이 수여되는 모욕을 당했다.

나는 "Z. Z."라는 서명을 사용한 기고가가 이 잡지에 제출한 정정 내용을 서둘러 덧붙인다. 나는 그가 찰스 배비지가 아닐 거라 생각하려고 아주 힘들게 노력하는 중이다. 러브레이스의 논문 서문에서처럼, 여기서도 그가 자신을 익명의 목소리로 교활하게 위장했음 직하다.

이 진술서에는 중요한 오류가 있으므로 정정해주시길 간청합니다. 배비지 씨가 구성한 계산기관은 결코 정부에 팔린 적이 없습니다. 정부의 요구로 이 신사는 자신의 발명을 실행에 옮기는 데 착수했습니다. 그 자신이 아니라 이 기관의 소유자인 정부를 위해, 이 기관의 건설을 관리하면서 말입니다. 12년 동안 그는 거기에 끊임없이 집중했습니다. 그의 시간을 그것이 아닌 다른 데 쓰지 않기 위해 그는 여러 제안들을 사양했습니다….

짐은 왕실 소관인
이 기관에 지원금을
두 배로 늘릴 작정이오.
이 기관이 얼마나 유용할지
이해했기 때문이오.

✿ 에, 이야기는 계속된다(늘 그렇듯이), 단, 당신 생각과는 달리.

✿ 빅토리아 여왕은 세계 역사상 가장 큰 제국을 후계자에게 물려주었다. 그녀가 집권하는 동안, 영국은 아덴(현재 예멘)과 바수톨란드(현재 레소토), 베추아날란드(현재 보츠와나), 영국령 동아프리카(현재 케냐), 영국령 온두라스(현재 벨리즈), 영국령 소말릴란드(현재 소말릴란드), 브루나이, 쿡 아일랜드(현재 뉴질랜드의 일부분), 키프로스, 피지, 감비아와 황금 해안(현재 가나), 홍콩, 인도, 케냐의 다른 지역들, 쿠웨이트, 몰디브, 나이지리아, 북보르네오(현재 사바), 니아살란드(현재 말라위), 파푸아 뉴기니, 로디지아(현재 짐바브웨), 사모아, 사라왁(현재 말레이시아), 싱가포르, 서남아프리카(현재 나미비아), 수단, 탕가니카(현재 탄자니아), 트리니다드, 오만 협정국(현재 아랍에미리트토후국연방), 우간다, 잔지바르(현재 탄자니아)를 획득했다. 해석기관을 그녀가 마음대로 사용했다면 무슨 일을 할 수 있었을지 생각해보자.

하지만 금후, 짐은 범죄와의 전쟁을
더 많이 보길 고대하오.
안녕히 계시오!

ENDNOTES

1 "해석기관은 자카르 직기가 꽃과 나뭇잎을 짜듯이 대수학의 패턴을 짭니다." 이 말은 러브레이스가 단 주석에서 아마도 가장 많이 인용되는 구절일 것이다. 그래서 자카르 직기가 무엇인지 설명해야 할 듯하다. 자카르 이전에는 방직공이 베틀의 날실을 구성하는 수백 개 실들 중에서 수십 개의 실을 손으로 고르고 들어 올려 패턴이 있는 의복을 만들었다. 자카르가 새로 도입한 것은 직조기가 아니라 위쪽에 위치한 기계였다.(그는 사실 훌륭한 자동장치 제작자인 자크 드 보캉송이 50년 전에 만든 설계를 단지 개량했을 뿐이다.) 자카르 시스템은 뻣뻣한 카드에 구멍을 뚫어 직물의 패턴을 부호화한다. 패턴의 각 라인마다 이 구멍에 대응되는 바늘이 자동으로 실을 선택하게 만들어 직조 속도를 엄청나게 높인다. 자카르 직기는 전 세계 직물 공장에서 여전히 소란스런 소리를 내며 움직이고, 오늘날에는 그들이 영감을 제공한 컴퓨터로부터 직접 관리를 받는다.

배비지는 유럽 여행 중에 자카르 직기의 진행 과정을 보면서 "많은 시간을" 보낸 적이 있다고 말했다. 틀림없이 딸깍 소리를 내며 움직이는 직물 한 필 대신에 오류가 전혀 없는 수표를 마음속에 그렸을 것이다.

2 자카르 직기가 패턴을 만들어내려면 수천 개 카드가 필요하므로 카드에 구멍 뚫는 과정을 훨씬 쉽게 하려고 온갖 종류의 기발한 기계들이 발명되었다. 아래 왼쪽 그림은 그려진 직물 패턴을 일련의 카드로 바꿔주는 '피아노 천공기'다. 패턴을 격자판 위에 그려서 틀 위에 악보처럼 마련한다. 조작자는 패턴을 격자 단위로 읽고 건반을 눌러 격자판 위치대로 카드 위에 구멍을 뚫는다. 발판은 카드를 옆 라인으로 이동시킨다. 구멍들 사이 공간은 '음 높이'라고 일컫는다. 피아노 천공기는 카드가 향하는 직기의 음 높이를 '조율'할 수 있다. 오른편에는 카드를 직기가 읽을 긴 줄로 엮는 거대한 바느질 기계인 '카드 스티처'가 있다.

해석기관은 실제로 함께 일하면서 프로그램을 실행하는 세 가지 다른 종류의 천공카드를 사용했다. 숫자카드는 계산에 특성화된 숫자들을 담는다. 변수카드는 계산 중간에 숫자들이 기계 속에 수용된 장소를 지시하는, 현재 우리가 주소라고 부르는 정보를 담는다. 명령카드는 프로그램 자체의 지시 사항을 담는다. 이 모든 수천 개 카드를 조정하고 구멍 뚫는 일은 자카르 직기에서 그랬듯, 그 자체로 큰 문제였을 것이다. 배비지는 이 문제와 맞붙을 기회를 결코 갖지 못했다. 전자계산기가 가진 유사한 문제는 그레이스 호퍼 제독이 1951년에 인간의 프로그래밍 언어를 기계의 1과 0 코드로 전환시키는 슈퍼프로그램인 컴파일러를 발명하여 해결했다. 포켓 유니버스에서는, 러브레이스가 자신의 프로그램을 만드는 데 컴파일러 기관을 자연스레 사용한다.

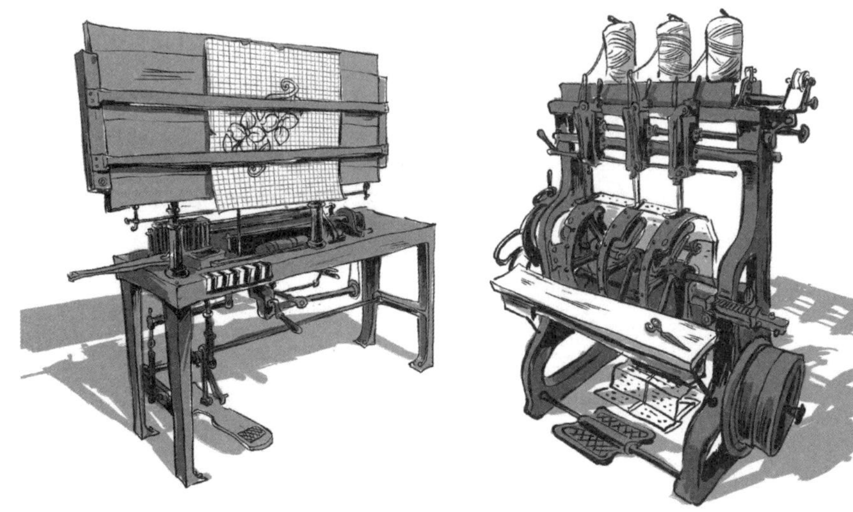

핵심 부분들

❶ 입력 키보드

❷ 자주 쓰이는 천공 서열들로 빠르게 연결되는 정지 기계

❸ 발판, 카드를 진행시키는 데 사용됨

❹ 레버, 지레 사용에 쓰임

❺ 카드 짜넣는 구조

❻ 걸리는 카드들을 제거하는 데 쓰이는 깔때기

❼ 통화관

❽ 고양이

5장

주요 자료들

주요 자료들

내가 뭘
발견했는지 봐.

비밀 일기
빅토리아 여왕

흥! 보나마나 악의적인
소문들로 가득하겠죠.
아주 비열하고 저속한
암시들로요.

✿ 빅토리아 여왕의 방대한 일기는 2012년에 디지털화하여 기록으로 남겼다. 물론 내가 제일 처음 한 일은 우리 주인공들에 대한 기록 찾기였다. www.queenvictoriasjournals.org에서 자신이 제일 좋아하는 빅토리아 시대의 인물들을 찾을 수 있을지도 모른다. 그러나 그다지 신나는 일은 아닐 수 있다. 일기는 그녀의 딸인 베아트리체가 공식 기록을 위해 흥미로운 부분들을 완전히 삭제했기 때문에 그다지 짜릿하지 않다.

✿ 1838년 8월 29일 수요일, 빅토리아 여왕의 일기는 왕실 시녀(귀족 출신—옮긴이) 후보의 긴 목록에서 러브레이스를 언급하고 있다. 그녀의 이름은 최종 명단에서 빠졌다.

M. 경은 그 뒤 귀족 계급 전체를 살펴보고 그들이 얼마나 적은지 알고는 놀랐다. 그는 브래들번 부인은 매력적인 사람이지만 건강이 좋지 않다고 말했다. 워터파크 부인은 "또 다른 앤슨일 겁니다." 저는 조금도 반대하지 않습니다. 크레이븐 부인, 러브레이스 부인, 등등. 그는 약 30분간 목록을 훑어보았다. 날씨에 대해 얘기했다.

✿ 자신의 대중적 평판에 민감한 배비지의 태도는 잘 기록돼 있다. 해리엇 마티노의 자서전을 보자.

자신에 대한 대부분의 견해를 들을 가능성이 크다고 생각해서, 그는 자신에 대한 인쇄물 중 모을 수 있는 것을 전부 수집하여 커다란 2절판 책 속에 '장점'과 '단점'으로 나란히 세로 단을 나누어 붙였다. 일종의 균형 잡힌 시각을 얻기 위해서였다.

✿ 1838년 8월 29일 수요일, 빅토리아 여왕의 일기.

> 우리는 뉴캐슬에서 열린 이번 미팅에 대해 이야기했고 M.경이 말했다. "배비지는 어디서나 그러듯, 자신을 엄청난 웃음거리로 만들었습니다." M.경이 전하길 배비지는 이렇게 말했다고 한다. "그는 아주 뛰어난 사람이 그것은 전부 다 허튼소리에 허무한 일이라 말했다고 했습니다." M.경은 덧붙였다. "이 말에서 그가 나를 의미한다는 것을 알았습니다." M.경이 전하길 배비지는 유감스럽게도 패러데이에게 "로버트 필 경이 당의 목적을 위해 마련한 장려금을 받지 않는 편이 낫겠다"고 얘기했다고 한다. M.경은 저녁 식사 후 내게 이 일을 말해주었다.

M.경은 멜번 경이다. 그는 빅토리아 여왕의 멘토로서 그녀가 즉위했을 때 수상이었다. 1838년에 수상은 그가 아니라 필이었지만 여왕은 그와 자주 상의했다. 부록1에서 다시 한 번 배비지가 불쌍한 마이클 패러데이를 방해한다고 보이는 일화가 나온다.

이 만화에서 주요 자료를 가장 잘 대변하는 내용은 러브레이스가 감질나게 언급되었다는 사실과 배비지에 대한 훌륭한 코미디 일화다.

6장

러브레이스와 배비지 vs. 경제모델!

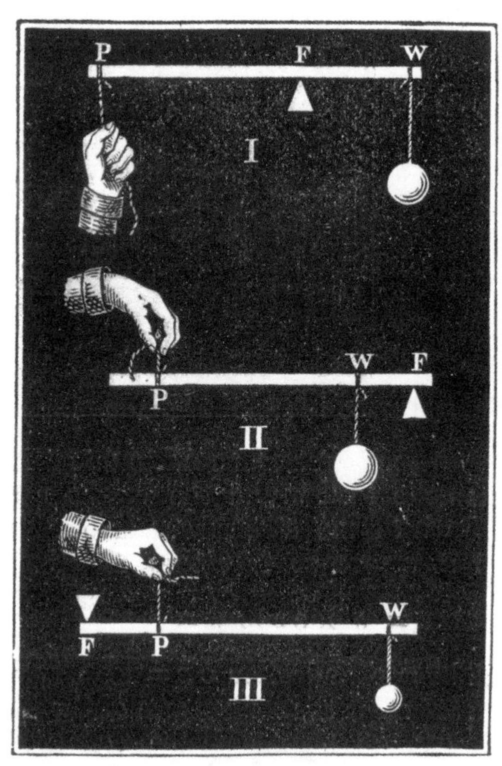

지렛대의 원리, 『기계작용의 요소들』에서 인용.
기계를 실질적으로 구축하는 과학 원리를 설명하며,
T. 베이커, 1852

The Management Presents to the Public

LOVELACE & BABBAGE
vs. the
ECONOMIC MODEL!

POUNDS, SHILLINGS, AND SUS-PENCE!

With All-New Scenery and Costumes, Furnished at Great Expense. To Finish with the

Grand Spectacle: Destruction of London!

By special arrangement the Celebrated Engineer

Mr. I.K. BRUNEL

has kindly consented to make an appearance.

The whole to conclude with Instructive ENDNOTES by the Author.

"여전히 그 수법이군!"

스레드니들 거리의 노부인. "넌 네 대단한 '추측'으로 스스로를 곤란한 처지에 빠뜨렸어! 좋아, 거기서 빠져나오도록 도와주마. 단 이번 한 번뿐이다."

잉글랜드 은행으로도 알려진 "스레드니들 거리의 노부인"이
1890년에 은행가들 몇을 곤경에서 구하고 있다.
『이상한 나라의 앨리스』에 수록된 불후의 삽화로 유명한
존 테니얼이 풍자만화잡지 〈펀치〉에 그린 만화. 작가 개인 소장품.

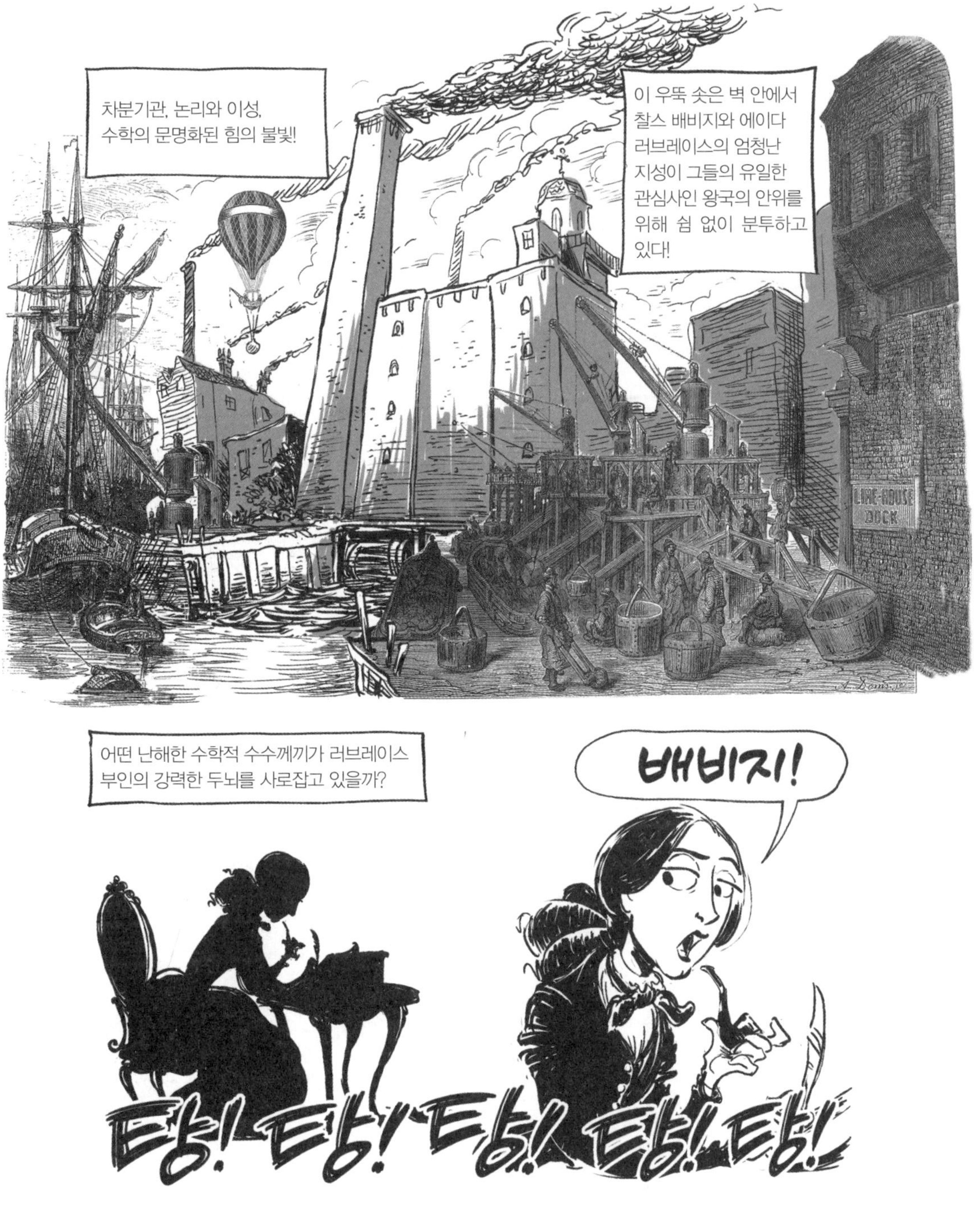

차분기관, 논리와 이성,
수학의 문명화된 힘의 불빛!

이 우뚝 솟은 벽 안에서 찰스 배비지와 에이다 러브레이스의 엄청난 지성이 그들의 유일한 관심사인 왕국의 안위를 위해 쉼 없이 분투하고 있다!

LIME-HOUSE DOCK

어떤 난해한 수학적 수수께끼가 러브레이스 부인의 강력한 두뇌를 사로잡고 있을까?
배비지!
탕! 탕! 탕! 탕! 탕!

탕! 탕!
그 지긋지긋한 소음을 내야만 하나요? 지금 한창 가장 세밀한 통계 분석을 하고 있는 중이라고요.
미안, 러브레이스. 당신이 일하고 있는지 몰랐소.
"Δijk = CO + CwƏWijk - ni 11j + Σijk+ Ə 웃고 있는 소년 …"

✿ 러브레이스 부인은 죽기 전 2년 동안 경마에 매우 열중했다. 추후 여러 전기 작가들이 조사한 결과를 보면, 그녀는 2,000파운드 가까이 잃었던 듯하다. 이 주제에 관해 내가 찾을 수 있었던 극소수 출판물들은 모두 신이 나서는 이 수치를 최소 10배까지 부풀린다. 너새니얼 호손이 1857년에 바이런의 사유지를 방문했을 때에는 잃은 돈이 4만 파운드라고 소문이 부풀어 있었다.

✿ 나폴레옹의 천적이자 방수 장화와 이름이 같은 아서 웰즐리 웰링턴 공(방수 장화를 웰링턴 부츠라고 부른다.—옮긴이)은 포켓 유니버스에서 영국 수상이다. 실제로 그 시기는 그다지 정확하지 않다. 1841년과 1846년 사이의 수상은 로버트 필이었을 것이다.(혹은 멜번 경이지만 그는 전혀 재미있는 인물이 아니다.) 그러나 우리의 포켓 유니버스는 차분기관의 존재로 정의되며 1842년에 이 프로젝트에 치명적인 일격을 가한 이가 로버트 필이었고 그는 이렇게 불평한 것으로 유명하다. "내가 보기에는 과학에 가치가 없는 … 배비지의 계산기를 제거하려면 우리가 뭘 해야 할까. 그 계산기가 과학에 미치는 이익을 수치로 계산해봐야 고작 내가 예상했던 서비스나 유일하게 제공할 뿐이겠지." 반면 웰링턴은 항상 과학적 혁신에 관심이 많았고 수상으로 있을 때 3,000파운드에 달하는, 자신이 관리한 최초의 정부 장려금 중 하나를 배비지에게 제공하며 그의 프로젝트를 엄청나게 지지해주었다. 웰링턴은 배비지의 자서전에 여러 번 등장한다.

✿ 1837년, 미국은 손쉬운 신용 거래 때문에 부동산 거품이 커지고 규제가 철폐된 은행이 시장에 공황을 야기해 전 세계에 경제 위기를 불러왔다. 선조들이 얼마나 바보 같았는지, 그리고 보다 현명한 세대가 되어 과거를 돌아볼 수 있다니 우리는 얼마나 운이 좋은가! 이 상황은 서로 얽힌 개인 은행에서 돈이 발행되고 미국의 국내 통화가 부족하게 되면서 벌어졌다.(앤드루 잭슨 대통령은 지폐를 신뢰하지 않았고 아마도 20달러 지폐에서 자기 얼굴을 보는 걸 좋아하지 않았던 듯하다.) 1836년에 잭슨은 연방정부의 모든 토지를 금이나 은으로 사들여야만 한다는 행정명령을 발표했다. 얼마 지나지 않아 마틴 밴 뷰런이 취임했을 때, 위기가 폭발하여 공황 상태가 되었다. 800여 개 미국 은행이 무너졌으며, 미국 주 여럿이 채무를 변제하지 않았다. 이 일은 유럽 전역에 파급 효과를 일으켰다.

배비지도 러브레이스도 이 위기에 관해 할 수 있는 일이 없었다. 그러나 그로 인한 "배고픈 40년대"의 경제적 혼란이 배비지의 지원금 문제를 돕지 않은 것은 확실하다.

✿ 러브레이스의 말은 E. M. 셰퍼드가 쓴 마틴 밴 뷰런에 대한 1899년 전기에 나오는, 무겁고도 뒤늦은 깨달음에서 인용했다. 이어지는 말은 이렇다. "투기 열기에 대한 비난이 너무 커서 당시 정치인들에게 그 책임을 제대로 배분하기란 어려운 일이다. 그들은 모두 미국의 성장과 성공에 대한 전 국가적 도취 상태에 빠져 있었다."

최전방을 공격하시오!
영국은 승리를 기대하오!

그렇지 않으면 의회가
당신 지원금을 철회할 것이오.

✿ 실은 "해석기관으로 출동!"이라고 말해야 하지만, 같은 느낌이 살지 않는다.[1]

우~~~~~~웅
저벅
저벅
저벅
탁
탁
탁

덜커덩!

프쉬이이잇!

철커덩
철커덩
철커덩
착!
착!
착!
쉬이이잉!

✿ 에이다 러브레이스는 죽기 전 1년 반 동안, 경마에 내기를 거는 일종의 떳떳치 못한 일에 확실히 연루되었다. 그녀가 단순한 내기만 하지는 않았던 듯하다. 일종의 '체계'적 마권업자 역할을 한 모양인데, 실제로 어떤 일을 벌였는지 밝혀내기란 거의 불가능하다. 이 시기와 관련 있는 에이다의 논문들을 그녀가 죽은 뒤 그 남편이 없애버렸기 때문이다. 배비지가 통계 전문가로서 연루됐을지 모른다는 추측도 있다.[2]

✿ 그녀가 숭고한 목표를 지향했길 바라지만, 만약 에이다 러브레이스가 옥스브리지(옥스포드와 케임브리지를 함께 일컫는 말—옮긴이)의 수학 학위와 도박에 약한 성향을 지닌 채 현대를 살았다면 어땠을까. 다소 수상한 구석이 있는 '계량분석가', 즉 누구도 쉽게 완전히 이해할 수는 없는 방식으로 주식 시장에서 수십 억 원 수익을 내는 일에 고용되었을 가능성이 다분히 커 보인다.

증기가 추진하는 거의 상상할 수 없는
속도로 전갈이 발송됐다.

✿ 배비지는 정치경제학에 대한 유명한 책을 썼다. 1833년에 출간된 대중서 『기계와 제조업의 경제학에 관하여』는 산업화 중인 세계에 대한 재미있는 조사서로 경제 분석이 많이 실려 있다. 그는 과세제도에 대한 소논문을 집필하기도 했다.

✿ 포켓 유니버스에서 런던을 장식하는 전선들은 배비지가 『기계와 제조업의 경제학에 관하여』에서 제안했던 송수신 우편 라인이다.[3]

찰스 배비지가
경제 책임자요?
팔아라!
팔아!

두려워마세요, 노동 계급 여러분!
여러분의 현명하고 자애로운 공무원들은
이 상황을 완전히 자유자재로 다룰 수 있습니다!
우리의 뛰어난
경제기관은 변함없이
안전합니다!
가세요!
돈을 쓰세요!
물건을 사세요!

오, 신이시여! 우리는 이제
끝장이야!

이 수치들은 최악이오!
내 수학조차 우리를 구할 수 없소!
도대체 어떻게 국가 재정이
이런 상태가 되었소?
음,
모르겠는데요.
아마도
그건….

✿ 실제로 부채담보부채권CDO의 가격을 책정한 것은 계량분석가 데이비드 리가 2001년에 고안해낸 가우시안 코풀라 모델로, 2008년 경제 위기의 주요 용의자(데이비드 리가 아니라 그 공식이 그렇다는 의미지만 어쨌든 그가 이 말을 들으면 기분이 매우 언짢으리라고 확신한다)였다. 코풀라 함수와 그 흉악한 산물을 면밀히 살펴보려면, 〈와이어드〉 2009년 3월호에 실린 「재앙의 레시피: 월 스트리트를 몰락시킨 공식」을 참조하라. 언론인들은 때로 이 공식이 야기한 참상을 '수학적 오류'로 귀착시킨다. 그러나 수학은 완벽히 정확하다는 점을 지적해야만 한다고 나는 느낀다. 이 오류는, 여러 의미로, 그 공식에 적용된 값에서 비롯했을 것이다.

* 전체 경기 변동보다 뒤늦게 변화하는 경제지표. 임금, 물가 수준 등—옮긴이
** 정부 정책의 변화 없이 소득이나 가격 변동의 폭을 좁히는 데 필요한 경제상의 완충장치—옮긴이

이걸 스털링
엔진(진정한 기관)이라고
부르게 될 거요!
말장난 ∈ 시…
말장난 ∉ 시…

물론 모델이 현실
상황에 정확히 부합하지
않을 수도 있어요.
상상할 수 없는 일이오!

금리를
1.5퍼센트까지
낮추면.
프쉬이이이~

경제지표가 반응이 없군!
세금 동결을 시도합시다!
치익치익치익!

✿ 스털링 엔진은 로버트 스털링이 1816년에 발명한 일종의 열구동식 팽창기관이다. 러브레이스는 말장난이 '시'에 포함되는지 아닌지 궁금해하며 (시대에 맞지 않는) 수학 기호를 사용하고 있다.

배비지는 말장난에 관심이 많았고 자서전의 한 장을 이 주제에 할애했다. 오른쪽에 복사해놓은 그의 도표는 매우 유용하다. 나는 그 도표를 보기 전까지는 이 농담이 재미있다고 전혀 생각하지 않았다.

아래 사례는 3종 말장난을 제공해줄 수 있다.

몹시 아름다운 자매가 있는 한 숙녀의 집에 한 신사가 어느 날 아침 방문했다가 필기용 탁자에 앉은 그 자매를 발견했다. 시종을 부르는 데 쓰는 작은 종에 손을 올려놓은 채, 그는 여주인에게 자신의 지팡이와 그녀의 자매, 자기 손 아래 놓인 도구 사이에 어떤 관계가 있는지 물었다.

<table><tr><td>그의 지팡이는</td><td>{ 종(a bell)
미인(a belle)
아벨(Abel) }</td><td>의 형제인</td><td>{ 케인
(cane, 줄기, 지팡이, 회초리)
카인(cain) }</td><td>이다</td></tr></table>

✿ 이 경제모델은 경이로운 필립스 유압 컴퓨터[4]에서 영감을 받았다.

* 중앙은행이 금리를 더 내릴 수 없는 상황에서 시중에 돈을 공급하는 정책—옮긴이

** '거버너governor'는 조속기로서 엔진의 회전 속도를 일정하게 유지하기 위해 사용되는 제어 장치임. 여기서 뱅크 거버너는 '은행장'과 '은행의 조속기'라는 중의적인 의미로 사용된 것으로 보임—옮긴이

*** 통제가 불가능할 정도로 극단적인 물가 상승—옮긴이

✿ '죽은 고양이 튀어 오름'이란 "엄청나게 높은 곳에서 떨어지면 죽은 고양이조차도 튀어오를 것이다"라는 표현처럼, 주가가 밑바닥을 친 뒤 일시적으로 회복되는 상황을 의미한다.

✿ '재정승수'는 정부 지출이나 감세가 경제생산량에 미치는 영향을 측정하는 지표다. '1의 승수'는 정부가 1원을 지출하면 국내총생산이 1원만큼 똑같이 증가하는 모델이다. 경제학자들은 특정한 정부의 조치나 감세마다 '재정승수'를 붙여가며 즐거워한다. 누구나 상상할 수 있듯이, 혼란스런 현대 경제에서 단일한 조치가 일으키는 효과만을 분리해내는 일이 지극히 어렵기 때문에, 어떤 대상의 실제 재정승수 값에 대해 서로 의견이 일치한 경우는 지금껏 한 번도 없었다. 이 값의 중요성은 경기 부양이냐 감세냐에 대한 논쟁이 있을 때마다 대두되고 있다.

2012년에 국제통화기금이 여러 유럽 국가에 긴축 조치를 도입한 경제모델에서 이 수치를 재계산한 후, 긴축 조치의 재정승수가 0.5(정부 지출을 1원 줄이면 국내총생산이 0.5원 감소)가 아니라 1.7(1원 줄이면 1.7원 감소)일 가능성이 더 크다는 사실을 발견했을 때 사람들은 국제통화기금에 실망했다. 어쩌면 승수는 그 외의 다른 수치일 수도 있다. 누가 알겠는가.

경제모델은 아무것도 모르는 대중을 마구 풀어놓았다!
제 경로에 놓인 모든 것을 완전히 파괴하는 절대적 힘의
맹목적 돌진은 누구도 알아챌 수 없다.
STOCK

✿ 1899년에 쓴 밴 뷰런의 전기에서 에드워드 셰퍼드는 "뉴욕의 금융 계층은 경제 붕괴의 원인이 지폐를 적용하려던 정부의 급진적 계획에 있다고 보았다"고 말한다.

그들은 대규모 무역 산업의 발달에서 원인을 찾는 일이 부당하다고 말했다. 그들은 돈을 지폐로 대체하려는 현명하지 못한 시스템으로 흘러들어갔다. "통치자의 오류가 … 전염병 대신 거리의 주민 수를 줄이는 폐허를 또는 그들을 태워 재로 만드는 대화재를 일으켰다."

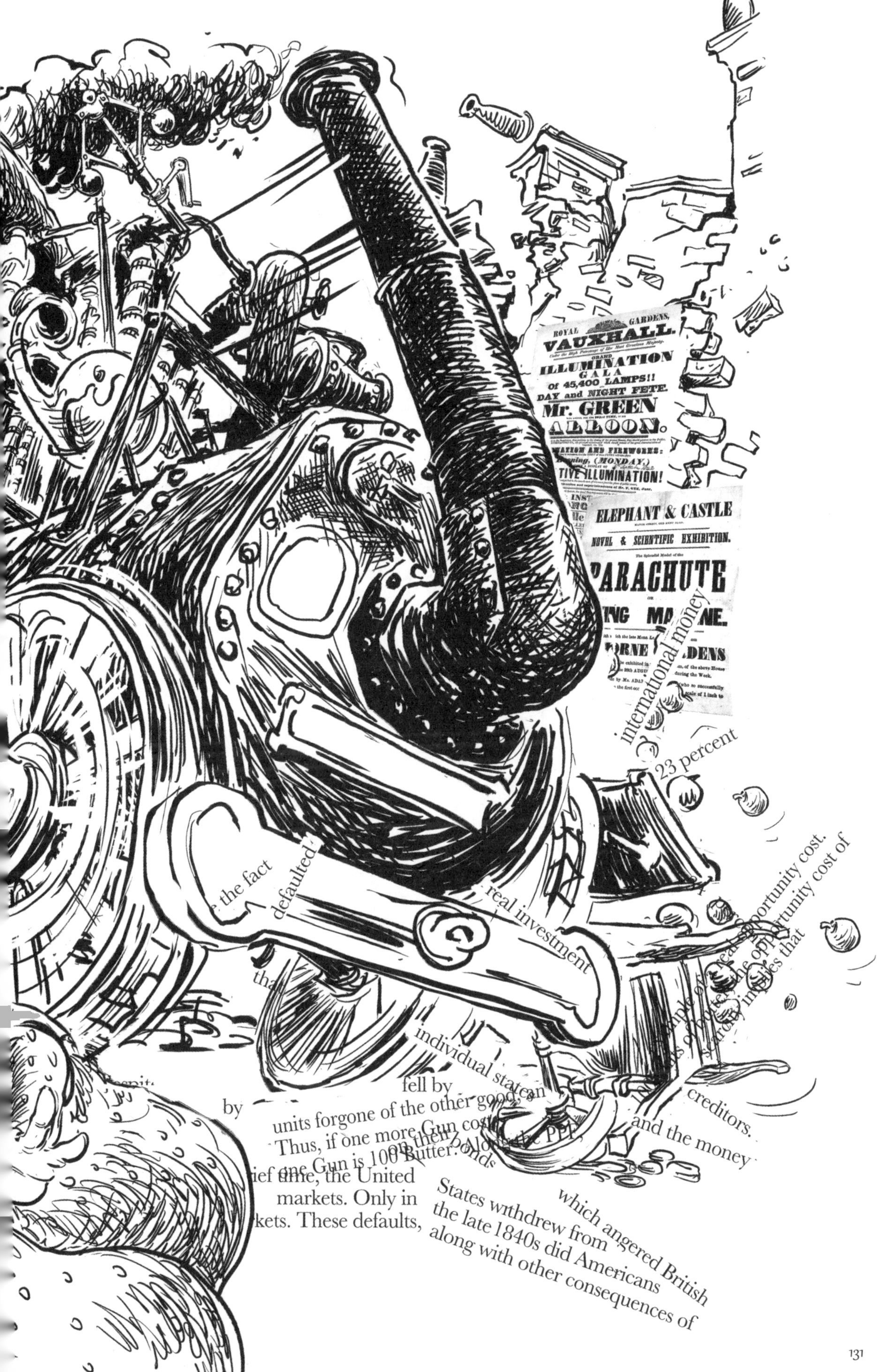
ROYAL GARDENS,
VAUXHALL.
GRAND
ILLUMINATION
GALA
Of 45,400 LAMPS!!
DAY and NIGHT FETE.
Mr. GREEN
ALLOON.
TIVE ILLUMINATION!
ELEPHANT & CASTLE
NOVEL & SCIENTIFIC EXHIBITION.
PARACHUTE
international money
23 percent
the fact
defaulted
real investment
opportunity cost.
opportunity cost of
individual states
fell by
by
units forgone of the other good
Thus, if one more Gun costs
one Gun is 100 Butter.
on their bonds
ief time, the United
markets. Only in
kets. These defaults,
creditors.
and the money
which angered British
States withdrew from
the late 1840s did Americans
along with other consequences of

✿ 찰스 배비지가 이 양식(프랑스에서 세무 준비에 사용되던 초창기 양식)을 발명하지는 않았지만, 자신의 출판물 중 가장 성공한 『기계와 제조업의 경제학에 관하여』에서 그것을 운용 연구에 선구적으로 활용했다.

질문을 하기 전에 미리 준비하고 답변을 위한 빈칸을 남겨두길 권한다. 빈칸은 빠르게 채워질 것이며 많은 경우 그저 숫자일 것이다.

이 뒤에 공장 시찰에서 당신이 사용할 견본 양식이 이어진다.

✿ 러브레이스 부인은 용감한 기수였는데 자신이 제일 좋아하던 종마를 이렇게 묘사했다.

탬 오섄터는 … 매우 거칠고 마구간에 있을 때 귀를 가능한 한 뒤로 눕힌 채 이를 갈며 눈에서는 번쩍번쩍 빛이 나서 꽤나 사나워 보인다. … 탬 오섄터는 대단한 보물이다. 사람들은 그 말을 타고 전속력으로, 때로 상당히 빨리 달리는 나를 보고는 깜짝 놀란다. 그 광경이 볼 만하다고들 말한다. 탬도 전력 질주를 제일 즐긴다. 그러나 흥분했을 때는 상당히 다루기 어렵다. 다시 말해, 내가 관리하는 게 매우 힘들 정도다. 나는 거의 모든 말을 관리할 수 있다. 탬은 평상시에는, 또 길 위에서는 조용하다. 그가 제멋대로 구는 것은 들판을 가로질러 달릴 때나 전력 질주를 할 때다. 사실 나는 이때의 그를 가장 좋아한다.

✿ 여기서 경제모델은 장 폴 로드리그가 만든 고전적인 경제 버블 그래프를 따른다. 이 그래프는 버블 형성을 4단계(잠행, 인지, 최고조, 해소)로 보여준다.

✿ 독일에서 온 망명자, 카를 마르크스와 공산주의자 동맹은 유럽 전역에 혁명의 분위기가 퍼졌던 굶주린 1840년대의 정점인 1847년 겨울에 영국 소호의 레드 라이온 펍에서 『공산당 선언』을 작성했다.

마르크스는 배비지의 『기계와 제조업의 경제학에 관하여』를, 특히 그가 애덤 스미스의 노동 분업에 대한 이론을 암울하게 확대한 것을 『자본론』 각주에서 자주 인용한다. 공장 시스템은 생산을 더 효율적으로 만들지만 노동의 전문성을 떨어뜨려 노동자를 더 저렴하고 대체하기 쉬운 존재로 만든다는 점을 지적한 사람이 바로 배비지였다.

✿ 배비지는 1830년대 기관차들에 '배장기'(기관차나 열차 앞에 달아서 선로 위 장애물을 제거하여 탈선을 방지하는 기구—옮긴이)를 달 것을 리버풀 앤 맨체스터 레일웨이에 제안했다. 늘 그렇듯, 그의 발상은 결코 실현되지 않았으며, 훗날 다른 엔지니어에 의해 재발명되었다.

칙칙! 폭폭! 칙칙! 폭폭!
F=ma
F=∞ ?¿?
m=∞ !!!
f ↦ D(f) = Σ a_i d^i f/dx^i
이런, 만약 당신이 러브레이스 백작부인이 아니라면…

딩동!

엔지니어를
이용할 수 있는
것처럼 보이는군.

칙칙! 폭폭! 칙칙! 폭폭!

✿ 이점바드 킹덤 브루넬에 대한 설명은 너무 많아서 이 페이지에 실을 수 없다.[5]

지금 이 기계장치에 '배비지' 인장이 없는 걸 보니,

그가 그 모든 괜한 법석을 떨며 자신의 '실험적인 객차'에 내 오래된 엔진을 사용한 거요?

맞아요. 브레이크가 고장 난 걸 알고 제가 당신 엔진 중에서 하나를 챙겼죠.

그거 어지간히 쓸모없는 거요. 내 허락하겠소.

칙칙! 폭폭! 칙칙! 폭폭!!

✿ 슬프게도 에이다 러브레이스가 이점바드 킹덤 브루넬을 만난 적이 있는지 알아낼 수 없었다. 둘 다 배비지의 좋은 친구였기에, 그랬을 가능성이 크기는 하다. 적어도 그녀는 그의 공학 기술에 감탄했다. "(브루넬의) 기압 철도에 관해 … 우리는 전체 장치의 모든 부분을 신중히 살펴보고 설계도를 조사했다. 장치와 배열은 굉장히 간단하면서 동시에 상당히 훌륭한 독창성과 기능을 발휘한다."

✿ 브루넬은 1841년에 안전의회위원회에게 자신의 기관차에 쓰인 브레이크가 "어지간히 쓸모없다"고 묘사했다. 아마도 우연이겠지만, 그의 모토는 "전진하라!"였다.

✿ 브루넬은 배비지와 관련된 놀라운 일화에서, "내가 이용할 수 있는 모든 증기력"이라고 말했다고 한다.[6]

우르릉!!

길을 막고 있잖소!
!!!
!!

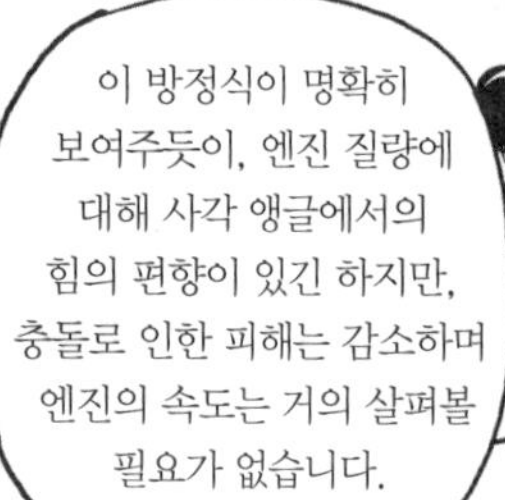
이 방정식이 명확히 보여주듯이, 엔진 질량에 대해 사각 앵글에서의 힘의 편향이 있긴 하지만, 충돌로 인한 피해는 감소하며 엔진의 속도는 거의 살펴볼 필요가 없습니다.

배비지 씨, 정말 똑똑하시네요.

하지만 당신 모델이 내 일을 망쳤어요. 이 수학적 말썽꾸러기! 이 난장판을 봐요!
모델?

러브레이스!
탁!

BANK OF ENGLAND

✿ 잉글랜드 은행은 아주 오랫동안 통제를 벗어난 경제모델에 대해 제 지위를 남용해왔다. 설립되자마자 곧, 1720년대의 남해회사 버블이 터지면서 야기된 은행의 대재앙에 돈을 쏟아 부었다. 이 장의 서문을 연 110쪽 그림은, 1890년에 일어난 또 다른 유명한 은행 구제 사례를 보여준다. 이때 구제 금융을 받은 은행은 베어링으로, 100여 년 후 한 은행가가 은행 전체를 침몰시키기에 충분한 돈을 투기에서 잃자 1995년에 대격변을 일으키며 파산했다. 잉글랜드 은행은 이때 도움을 거부했다.

아무도 이런 재앙에서
살아남을 수 없어!

정말 유감이군요.
이 일은 우리 모두에게 교훈이 될 거요.
따라서 우리는 나아가야만 하오.
새로운…

평상시처럼, 이 일은
우리 이론이 전부
옳았음을
입증해주네요!
뾰옹!

결국
이 창조적 파괴 이후,
성장을 회복하는 데
필요한 것은 오직 생산력을
발휘할 수단이죠.
안녕, 배비지!
오, 브루넬!
나 막 당신 기관차를
좋아하게 됐소.
새로운 기술이라….
BANK OF ENGLAND
자, 러브레이스,
다시 한 번 과학과 수학이
승리했소!
우리가 이 일을
해결하기 위해 여기
있어서 다행이군요.
우르르르…
BANK OF ENGLA
으드득!
그냥 계속
걸어요.
BANK OF ENGLAN

✿ 1840년대의 커다란 '철도 버블'은 1833년의 붕괴 후 일어난 파괴적인 경제 위기였다. 이후 1857년, 1866년, 1873년, 1884년, 1896년에 위기가 잇따랐다. 19세기의 경제 위기는 세기가 전환되며 성공적으로 마무리되었다. 그 뒤 21세기의 위기가 이어졌다.

ENDNOTES

1 이 차분기관은 정말로 찰스 배비지를 괴롭히고 있었다. 그래서 그는 거기에 아무 이상이 없다고 확신하고 싶었다.

인쇄기가 설치된 완전한 차분기관, 런던과학박물관이 건축
차분기관은 수동으로 크랭크를 돌려 작동하는 계산기로서, 차분법으로 대수표를 계산하고 인쇄합니다. 저는 1824년과 1833년 사이에 계획을 세웠죠.
이 기관은 2000년에야 제 도해를 보고 최종 완성되었습니다.
물론, 매우 독창적입니다.
차분기관의 시험 모듈, 1832년에 완성됨.
하지만 이것은 해석기관으로 완전히 대체될 모형일 뿐입니다.
해석기관은 천공카드로 프로그램 되고 저장 메모리가 있는 자동 계산기로 연산 전반을 장악하고 있죠.
제가 1833년에 구상했고 1871년에 죽을 때까지 도해를 그렸지만 결코 건설되지 않았습니다. 영국 정부의 무시와 부당한 대우 때문이죠!
해석기관의 광범한 도해는 부록2를 참조하세요.

이 두 기관 사이의 혼동은 평생 동안 배비지에게 끊임없는 골칫거리였다. 그는 내가 하는 말을 기뻐하지 않겠지만, 솔직히 말해서 차분기관이 괜히 더 멋있게 들린다.

2 러브레이스의 며느리(랄프의 아내)가 쓴 회고록(실망스럽게도 재미없는) 때문에 러브레이스와 배비지가 마권업 시스템을 개발했다고 보는 견해가 생겨났음은 거의 확실하다.

> 그녀의 몇 안 되는 절친한 친구 중에 계산기 발명자인 배비지 씨가 있었다. 그들은 함께 그녀가 구상한 경마에 내기를 거는 '절대 확실한 시스템'을 연구했지만 성공하지 못했다. … 물론 계산이 완전히 실패로 돌아가자 곧 끔찍한 날들이 찾아왔고 불행한 여성은 남편에게 감히 말할 엄두를 낼 수 없을 만큼 큰돈을 잃었다. 그리하여 많은 문제와 슬픔이 생겨났는데 그에 관해서는 더 이상 말할 수 없다.

개인적으로 나는 배비지가 비록 통계광이긴 했지만 내기에 연루되지는 않을 사람이라 여기려고 버둥대고 있다. 그는 불확실성에 잘 대응하는 부류의 남자가 아니었다. 도박은 분명 내가 최후까지도 그와 연관 짓고 싶지 않은 악덕이다. 그러나 러브레이스가 병에 걸리기 직전, 그녀가 도박꾼들과 어울려 지내던 시기인 1849년과 1851년 사이에 두 사람이 주고받은 편지의 상당수가 분명 무언가 공모하는 듯한 인상을 주는 건 인정해야 할 듯하다.

> 병약자가 이래즈머스 윌슨의 약을 먹고 확실히 회복됐다는 사실을 당신에게 알리는 걸 더는 미루지 않는 게 좋을 것 같아요. 그러나 지금은 건강이 완전히 나빠져서 당신이 제시하는 계획과 당신의 의사 친구가 제안한 조사와 질의를 따르고 싶습니다. 마을로 돌아오자마자 그 일을 허용해주세요. 저는 이 일을 매우 중요하게 생각합니다. 매우 철저한 치료책 몇 개를 따라야만 합니다. 그렇지 않으면 무엇이든 어떤 식으로든 생계를 꾸리는 힘이 전부 바닥날 겁니다. … 성급히 이만 줄입니다. 에이다 러브레이스 드림.

어쩌면 내가 이 글에 너무 많은 의미를 부여하고 있는 걸 테다. … 어쨌든 이래즈머스 윌슨은 당시 실제로 의사였다. '생계'라는 단어는 에이다의 계획이 자신을 위한 비자금을 마련하려는 시도가 아니었을까 의문을 품게 만든다. 러브레이스 경으로부터의 독립을 시도하면서? 1882년에 기혼 여성의 재산권에 관한 법률이 수립되기 전까지 기혼 여성이 지녔거나 벌어들인 모든 돈은 남편 재산이었다.(본질적으로 그녀는 그녀 자신이었지만.) 그래서 비밀리에 보유한 재산이 유용했을 것이다. 그녀가 죽은 뒤 2년 후 배비지가 어떤 사람과 온갖 종류의 험담을 하며 나눈 대화를 보면, 그는 분명 그녀의 불행한 결혼 생활을 그저 알고 있는 것 이상이었다. "'에이다'의 내면에는 바이런의 악령이 많이 깃들어 있었고 러브레이스 경과 마음이 맞지 않아서 지독히 그를 싫어했으며 자기 어머니에 대해서도 그다지 감정이 좋지 않았다고 알고 있습니다. 그것은 아내와 남편 그리고 어머니, 3자 간에 반감을 품은 사례로 보입니다."(내가 개인적으로 발견한, 우리 영웅들에 대한 이해를 가장 잘 도와주는 설명 중 하나인 이 놀라운 기록은 부록1에 실려 있다.)

러브레이스의 어머니인 바이런 부인은 에이다가 사망할 무렵, 추문이 나돌고 아편에 중독된 시기에 그녀가 쓴 편지를 손에 넣어 파괴하는 데 상당한 에너지를 쏟아 부었다. 배비지는 자신이 가진 편지를 그녀에게 건네달라는 요구를 통명스럽게 거절했다. 나는 그가 이 편지들 중 일부를 당연히 스스로 폐기했을 거라고 생각한다. 러브레이스는 뇌와 다른 화학물질들 사이의 불균형에 휘말려서는 놀랄 만큼 이상한 긴 글을 쏟아 놓는 경향이 있었다. 그녀의 짧은 도박 경력은 나를 비롯한 안락의자의 정신과 의사들이 그녀 사후에 그녀에게 종종 진단 내렸던 조울증의 징후인지도 모른다.

3 배비지는 자신의 대중서인 『기계와 제조업의 경제학에 관하여』에서 활강 줄을 이용한 빠른우편 시스템을 제안했다.

용감무쌍한 젊은 네트워크 엔지니어가 오류를 해결한다.

우체국이 있는 두 도시 사이에 가능한 한 일직선에 가깝게, 빈번히, 100~200미터 정도 간격으로 일련의 높은 기둥들이 서 있다고 상상해보자. 철이나 강철 전선이 이 기둥 각각에 고정되어 적절한 지지를 받으며 뻗어나가서는 5~8킬로미터(적당하다고 여겨지는 간격)마다 매우 강한 버팀대에서 끝난다. 이 지점마다에는 작은 역사를 두고 사람이 기거해야만 한다. 전선 위를 구르는 두 바퀴에는 편지를 담는 좁은 원통형 주석 상자를 매달 것이다. 원통 상자는 바퀴가 전선을 고정한 버팀대에 방해받지 않은 채 전달될 수 있도록 만들어졌다.(그는 여기서 매우 상세히 설명하면서 전신, 즉 문자나 숫자를 전기 신호로 바꾸어 전파나 전류로 보내는 통신을 예측하고 세인트 폴 대성당이 얼마나 유용하게 쓰일지 제시한다.)

뻗어 있는 전선을 훨씬 더 빠른 일종의 전신 통신에 활용하는 일도 불가능(하진 않다). 어쩌면 교회 첨탑을 적절히 선택하여 활용한다면, 즉 커다란 중앙 빌딩, 예를 들면 세인트 폴 대성당의 가장 높은 곳에 중간 정거장 몇 개를 두어 전선으로 연결하고 비슷한 장치를 각 첨탑 꼭대기에 설치해 낮 동안 사람이 근무하게 한다면, 2페니 우편제의 비용을 줄이고 30분마다 주요 도시의 더 넓은 영역으로 우편을 배달할 수 있을 것이다.

4 최종 경제모델은 런던정치경제대학 대학원생인 빌 필립스가 1949년 크로이던에 있는 집주인의 차고에서 구축했다. 파이프와 펌프, 수문, 밸브를 이어 만든 높이 2미터가량의 구조물인 이 모델은 돈의 흐름을 나타내기 위해 물을 사용했다. 이 모델에는 물을 베이스로 사용하지 않은 초기 컴퓨터인 에니악ENIAC의 이름을 따라 모니악MONIAC이라는 별명이 붙었다. 모니악은 교육 목적으로 여러 개 제작되었다. 케임브리지 대학은 일 년에 한 번씩 그들을 시연한다.

작동 방식

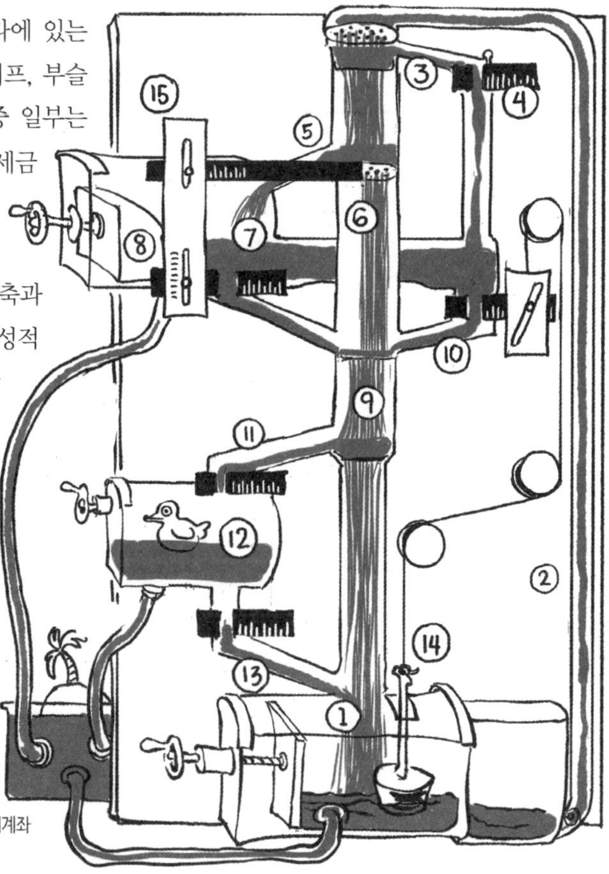

① 국민소득(혹은 국내총생산)은 나라에 있는 통화의 총량을 대표한다. ② 순환 파이프, 부슬비처럼 경제를 관통해 떨어진다. 그중 일부는 ③ 세금으로 즉시 정부가 유용한다. 세금의 양은 ④ 세율 수문을 움직여 변화시킨다. 나머지는 계속 흐르고, 완벽히 유능한 대중은 그중 일부를 ⑤ 저축과 ⑥ 소비자지출로 보내며 신중하고 이성적인 결정을 내린다. 저축은 정부 잉여금(잠시 웃읍시다)과 함께 ⑦ 투자기금 탱크로 흘러 들어간다. ⑧ 유동성 선호 함수에 주목하자. 여기서는 탱크에 공동기금을 얼마나 남길지 그리고 장대한 ⑨ 폭포경제로 얼마나 많은 물을 돌려보낼지 결정한다. 여기서 그 돈은 ⑩ 정부지출 형태로 세금으로 전환된 돈과 다시 합쳐진다. 통화량 일부는 ⑪ 수입품 소비로 이동하고 ⑫ 나라밖으로 보내져 외국인 소유 잔고로 간다. 이 돈의 일부는 ⑬ 수출을 통해 커다란 ① 국내총생산의 경제 바다로 다시 되돌아온다.

실제 모니악은 이 거대한 사건들을 연결하는 여러 독창적 함수들로 복잡하게 만들어진다. 그 사건들은 너무나 다루기 힘들어서 그릴 수 없다. 여기서는 작은 수문을 넓혀서 국내총생산이 상승할 때 정부지출의 흐름이 증가하는 ⑭ 변동환율제를 분명히 보여주고 있다. ⑮ 금리 함수를 낮추면 투자 수문이 넓어지고 저축 수문을 좁히면 소비 흐름이 증가된다. 이 모든 일을 다음 유명한 방정식으로 나타낼 수 있다.

$$GDP = C + I + G + (X - M)$$

국내총생산 = 소비 + 투자 + 정부지출 + (수출 − 수입)

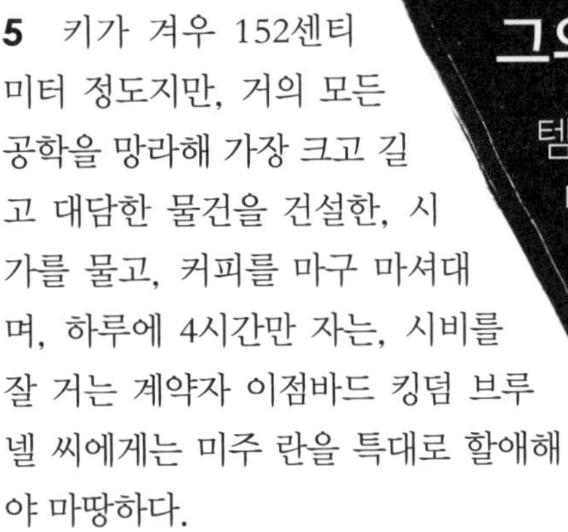

그의 몇 가지 업적

템스 강 터널
대서부 철도
패딩턴 역
2,000킬로미터에 달하는 철도
로열앨버트 교
클리프턴 현수교
그레이트브리튼 호
그레이트웨스턴 호

5 키가 겨우 152센티미터 정도지만, 거의 모든 공학을 망라해 가장 크고 길고 대담한 물건을 건설한, 시가를 물고, 커피를 마구 마셔대며, 하루에 4시간만 자는, 시비를 잘 거는 계약자 이점바드 킹덤 브루넬 씨에게는 미주 란을 특대로 할애해야 마땅하다.

그의 첫 작업은 19세 때 아버지 마크 브루넬로부터 인계 받은 세계 최초의 하저 터널을 건설한 일이었다. 강이 진흙 천장을 뚫고 내려와 그를 휩쓸어버렸을 때는 거의 죽을 뻔도 했다. 30년쯤 후 〈스펙테이터〉지에 실린 브루넬의 사망기사에 따르면, 템스 강 터널은 "과학에 기념비적 건축물이자 자본주의에 대한 경고"였다. 아마도 이는 이후 브루넬이 한 일들을 상당 부분 공정하게 평가한 말일 것이다. 〈스펙테이터〉는 계속해서 이렇게 말한다. "그가 새로운 발상을 선명하게 상상해내어 그 세부사항을 빠르게 구상해내는 능력은 위험하리만큼 위대하다. 갑자기 웅장한 계획을 떠올리고 원하는 목적을 이루어줄 대담한 수단들에 대한 영감에 사로잡혀, 그는 주변에서 벌어지는 어려움에도 굴하지 않고 노력을 쏟아부어 결국 어떤 과학적 경이를 달성한다. 그 경이는 전 세계의 시선을 모으지만 거기에 재정적으로 관여된 사람들을 너무 빈번히 몰락시킨다."

그는 27세에 복스힐의 단단한 바위를 잘라서 세계에서 가장 긴 터널을 만드는 대서부 철도 건설의 책임자가 되었다. 이어서 그는 대서양을 가로지르기 위해 세계 최초로 프로펠러 추잔 철제 증기선인 그레이트브리튼 호를 건설했으며 지금도 멋진 풍광을 이루는 온갖 종류의 다리와 철도, 배와 기념

IK
Isambard Kingdom
B
Brunel

물을 만들었다.

이제 우리는 브루넬을 영웅적인 빅토리아 시대 공학의 수호성인으로 회고한다. 그와 거래에서 재정적으로 얽힌 동료들은 불만을 품은 부고 담당 기자가 되어 〈엔지니어〉지의 사망 기사에 자신들의 감정을 뒤섞었다. "모든 업적에서 그는 동시대인들 상당수가 경솔하다고 여기는, 거의 직업적 방종에 해당할 정도의 무모함을 보였다."

6 이점바드 킹덤 브루넬과 찰스 배비지는 좋은 친구였으며 가끔 같이 일했다. 브루넬은 실제로 배비지가 해석기관을 순조롭게 출발시키는 한 걸음으로서 차분기관의 소형 버전을 건설하는 일을 돕겠다고 제안했다. 브루넬이 이렇게 썼듯이 "당신 이름은 계산기와 계속 연관될 겁니다. 당신의 포괄적 계획들이 수행될 수 있는 날이 (아마도 당신과 제가 살아있는 동안) 앞으로 올 것입니다. 그 가능성은 일단 다시 일을 시작할 확률과 거의 같을 겁니다. … 일단 시스템을 활발히 가동시키면 필요가 생겨날 것입니다."

배비지는 브루넬의 광궤 철도 속도와 안정성에 대한 연구에 착수했다. 자신의 발명품을 측정할 다양한 도구들에 맞는 지하철을 빌리기 위해서였다.

초기의 황량한 철도 개척 시대의 모습과 두 남자의 성격은 배비지의 자서전에 등장하는 그가 가까스로 피해간 재앙에서 잘 드러난다. 브루넬 씨의 저항할 수 없는 힘 대 배비지 씨의 확고한 목표 말이다.

> 요사이 일요일 중 하루, 그런 날이 있다면 사실상 유일하게 정말로 안전한 날에, 나는 상당한 무게를 추가했을 때의 영향을 조사하길 제안했다. 이러한 목적으로 철을 30톤 실은 수레를 실험용 객차에 부착하라고 지시했다. …
>
> 일요일에 기차가 출발하는 걸 보면서 관리와 대화를 나누는 중이었다. 그는 우리가 어떤 철로를 달리든 위험하지 않다는 사실을 내게 확신시키려고 엄청나게 애를 썼다. 열차가 출발했을 때 저녁 5시까지 우리 철로를 제외한 다른 철로에는 기차가 달리지 않는다는 점을 알고 있었기 때문이다.
>
> 우리가 대화를 나누는 동안, 멀리서 들리는 엔진 소리에 특히 민감한 내 귀가 기관차가 다가오고 있음을 눈치 챘다. 나는 철도 관리에게 말했다. 엔진 소리를 못 들은 그가 대답했다. "선생님, 그건 불가능합니다." "그게 가능하든 가능하지 않든," 나는 말했다. "기관차가 다가오고 있소, 몇 분 안에 증기를 보게 될 거요." 곧 둘 모두에게 엔진 소리가 분명히 들렸다. 우리 시선이 걱정스레 예상 지점으로 향했다. 드디어 흰 증기 구름이 멀리서 희미하게 보였다. 곧 나는 철로 위를 점령한 기관차를 인지하고 관리의 얼굴을 보려 고개를 돌렸다. 몇 분 후 나는 그의 표정이 약간 변하는 모습을 보았다. 그가 말했다. "정말로, 북쪽 라인에 있군요."
>
> 기관차가 차고에 멈추리란 걸 알고, 그 지점까지 가능한 한 빨리 달렸다. 단행 기관차가 있었고 거기서 연기와 검댕으로 뒤덮인 브루넬이 막 내려서는 참이었다. 악수를 나눈 후, 나는 친구에게 엉망진창인 상태로 여기 온 이유가 무엇인지 물었다. 브루넬은 당시 개시한 철도의 가장 먼 지점에 있는 유일한 열차를 만나러 브리스틀에서 왔지만 놓치고 말았다고 말했다. "다행히도, 이 엔진이 점화된 것을 발견하고 출동시켜서 내내 시간당 80킬로미터 속도로 운전해 왔습니다."
>
> 그 뒤, 나는 아주 단순한 우연만 아니었다면 내가 65킬로미터 속도로 같은 철도에서 그

와 마주쳤을 거라고 얘기했다. 또 내가 실험용 객차에 30톤의 철을 실은 수레를 부착했다고도 말했다. 그러고 나서 다른 기관차가 같은 철로에서 그와 마주치게 되리란 걸 알았다면 그가 어떤 경로를 선택했을지 물었다.

브루넬은 자기 기관차의 우월한 속도로 반대편 기차를 밀어내기 위해 이용할 수 있는 증기를 모두 쓰겠다고 말했다.

만약 충돌이 일어난다면, 내 기관차의 가속도가 더 클 테니 브루넬의 기관차가 철로에서 이탈할 것이고 내 실험용 객차는 뒤 칸에 실린 철에 파묻힐 것이다.*

브루넬의 대서부 철도 첫 번째 기관차인 노스 스타The North Star. 초기 기관차에는 멋진 이름이 붙어 있다. 불카누스(불과 대장일의 신—옮긴이), 아이올로스(바람의 신—옮긴이), 라이온, 아틀라스(어깨에 지구를 짊어진 거인—옮긴이), 이글, 아폴로(태양의 신—옮긴이), 비너스(미의 여신—옮긴이), 스네이크, 바이퍼(독사)와 선더러(벼락을 다루는 신—옮긴이).

* 나는 전설의 공학자도 엄청난 천재도 아니지만, 단언컨대 배비지도 브루넬도 이 마주침에서 "이기지" 못할 것이다.

7장

✿

신기술 반대자들!

* 네이피어가 발명한 포켓형 계산기로 곱셈과 나눗셈용이다—옮긴이

** 네이피어가 발견한 로그 원리를 응용한 계산 기구. 곱셈, 나눗셈, 제곱근 풀이, 삼각비 등을 간단하게 처리할 수 있다—옮긴이

✿ 19세기 문서에서 "컴퓨터"라는 단어를 계속 마주치고 나는 당황했다. 예를 들면 1825년에 프랜시스 베일리는 "여러 표에 있는 수치들은 오직 한 컴퓨터가 계산해야 한다."고 경고한다. 측량사 구인 광고는 "좋은 컴퓨터"를 찾고 있다. 물론 여기서 "컴퓨터"는 지루한 계산을 믿음직하게 수행하는 인간, 즉 "계산가"다. 바로 배비지가 기계식 계산기를 설계하여 대체하려던 존재다.[1]

✿ 프레임 브레이커나 스내퍼로도 알려진 러다이트는 손으로 베를 짜던 방직공 무리로 자신들을 일터에서 내쫓는 자동 기계를 파괴하는 데 헌신하는 일로 악명이 높다.[2]

✿ "묘한 아이러니"는 에이다의 아버지인 바이런 경이 가장 유명한 러다이트 동조자 중 한 명이었다는 사실이다.[3]

여러분은
그저 껍데기를 할퀴고
있을 뿐이라고요!

✿ 빅토리아 시대의 계산가에 대해 말할 때는 반드시 신사와 숙녀라는 호칭을 써야 한다. 계산가 중 상당 비율이 여성이었기 때문이다.[4]

✿ 배비지는 『기계와 제조업의 경제학에 관하여』에 러다이트를 대상으로 하는 작은 강의를 담았다.[5] 거기서 그는 한 지역에서 공장을 몰아내는 일이 다른 지역에 공장을 건설하는 결과를 낳을 뿐이라는 사실과 그로 인해 우리 이웃이 해고될 뿐만 아니라 새로운 지역에서는 노동 경쟁을 유발하는 점을 지적했다.

노동자 계급 중에 보다 지적인 사람들이 이 관점을 정확하게 조사해야 한다. 매우 중요한 일이다. 이 관점을 제대로 파악하지 않으면, 계급 전체가 겉보기에는 그럴싸하지만 실제로는 자신의 이익에 맞게 진로를 조정하는 교활한 사람들에게 휘둘릴 수도 있다.

ENDNOTES

1 배비지는 19세기 전환기의 프랑스에서 가스파르 드프로니가 고안해낸, 계산을 나눠서 수행하는 공장식 방법에서 자신의 기관에 대한 영감을 얻었다. 새 과학 공화국을 위한 가장 완벽한 대수표와 삼각표를 만들기 위해 혁명 집회를 열었다는 혐의를 받은 드프로니는 숫자 공장을 만들려고 애덤 스미스의 노동 분업 이론을 활용했다. 그는 자신의 직원을 숙련된 수학자로 이루어진 소집단으로 나눴고, 그들은 복잡한 계산을 간단한 단계들로 분해했다. 기계적으로 작업하는 일꾼 수십 명이 간단한 단계 각각을 맡았다. 그들은 오직 더하기나 빼기만 수행하면 됐다. 배비지는 가장 낮은 계급의 수학자를 문자 그대로 자신의 기계 속 톱니로 환원하기 위해 드프로니의 단순화한 계산 방식을 사용했다.

드프로니의 표 이야기에는 기이한 각주가 달려 있다. 전례 없이 정확한 삼각표를 17권에 달하는 엄청난 분량으로 생산했지만, 결과는 대체로 쓸모없는 것으로 밝혀졌다. 혁명 원년의 열기 속에서 프랑스는 이 표를 새로운 미터법의 극단적 버전의 토대로 결정했다. 이 미터법은 여러 기이한 특징들을 갖고 있는데, 특히 원이 400도이길 요구했다.

2 러다이트 운동의 전성기는 1811년에서 1816년 사이였고 그들은 주로 영국 북부에서 활동했다. 이 움직임은 네드 러드라는 사람의 이름을 땄는데, 그는 존재했을 수도 하지 않았을 수도 있다. 그의 주소로 기재된 "셔우드 포리스트"가 존재하지 않는다는 사실이 그가 가공의 인물이라는 주장을 뒷받침한다. 새로운 제조 센터에서 노동력 절감 기제가 급증하기 시작하면서, "절감된" 노동자들은 일터 밖으로 내쫓겼다. 불만을 품은 방직공들은 기계를 박살내는 비밀 결사를 조직하여 "러드 장군"이라는 서명이 담긴 협박 편지를 보냈다. 1813년 1월 8일에 〈체스터 크로니클〉에 실린 대표적인 기사는 "러다이트"라는 간결한 표제로 이렇게 보도한다.

> 지난해 이맘때 사람들의 평화와 행복을 방해했던 불행한 사건을 공포 속에 떠올리게 할 정도로 소란과 폭동이 이 도시와 근방에서 재발하고 있다. 트렌트 남부 몇몇 마을에서는 폭동이 … 최소 8회 이상 일어났다. 공격 목적은 기계 파괴였다. 매번 권총과 검으로 무장하고 위장한 남자 여럿이 복수할 대상에게 입을 열면 목숨을 빼앗겠다고 위협하며 위해를 가하고 잔학 행위를 벌였다. 그들은 이 불행한 사람들을 붙들어놓고 그들의 기계를 파괴한 뒤 발각되지 않고 달아났다.

1812년의 어떤 반反러다이트 포스터는 "늙은 방직공"을 안심시키듯 탓하면서 흥미로운 주장을 편다.

> 방직공과 방적공이여, 그대들은 상처 입었는가? 그대들은 불평할 권리가 없다. 기계가 발명된 후 고용자 수는 4배나 늘었다. 왜일까? 어린 자식들이 기계의 도움으로 생계를 스스로 꾸릴 수 있게 되었기 때문이다. 덕분에 가족을 부양하는 일이 쉬워졌다.

어린 자식들이 거대한 회전 날이 지나가는 길을 얼마나 민첩하게 펄쩍 뛰어서 피하는

지는 언급하지 않는다! 이 위협에 대항하기 위해 수천의 군 분대가 북쪽으로 보내졌으며 사형을 비롯한 끔찍한 처벌이 내려졌다.

3 바이런 경은 러다이트를 옹호하며 상원의사당에서 첫 연설을 했다. 마치 자신의 딸과 컴퓨터 사용에 대한 이야기에 또 다른 시적 미사여구를 덧붙이려는 의도인 양 말이다. 연설은 전형적인 바이런식 풍자로 넘쳐났다. "거절당한 노동자들은 무지로 인한 무분별 속에서, 인류에게 굉장히 이로운 기술의 향상에 복귀하는 대신, 기계의 향상 때문에 자신들이 희생되었다고 여긴다." 그는 그들을 위해 후렴구에서 "킹 러드 외 모든 왕을 타도하라!"라고 외치는 시도 썼다.

> 우리가 잣는 그물이 완성되고
> 베틀의 북이 검과 교환될 때,
> 우리는 수의를 내던질 것이다.
> 발아래 폭군 위로
> 그가 흘리는 선혈로 수의는 짙게 물들리라.

이 이야기와 완벽히 들어맞지 않아 실망스럽지만, 러다이트는 여러 종류의 기계들을 파괴했는데 천공카드를 사용하는 자카르 직기는 파괴하지 않았다. 이 기계는 러다이트 시대가 끝난 뒤인 1820년대에 영국에 들어왔다. 자카르 직기는 프랑스에서 폭동의 표적이 되었다. 적어도 자카르 자신이 성난 방직공 무리에 거의 살해당할 뻔했다.

4 영국에서 계산가로 일했다고 알려진 최초의 여성은 메리 에드워즈로 1770년대에 경도위원회를 위해 천문학적 위치를 계산했다. 해군성은 그녀의 남편이 그 일을 한다고 생각했다. 남편이 사망하자 그녀는 가족을 부양할 수 있도록 일을 계속하는 걸 허락해 달라고 애원하는 편지를 써야만 했다. 그들은 친절하게도 동의했고 그녀는 그리니치 천문대에서 공식적으로 일하는 최초의 여성이 되었다. 코멧 헌터(새로운 혜성을 발견하기 위해 노력하는 사람—옮긴이)인 캐롤라인 허셜이 등장하기 3년 전 일이다. 『초기 영국과 아일랜드의 천문학 분야에서 일한 여성들』Mary Brück, 2009에 따르면, 에드워즈는 결국 '국립 연감'을 구성하는 계산의 절반가량을 담당하게 되었다. 1880년대 하버드 천문학과에서 고용한 '계산가' 인력은 전적으로 여성이었다.

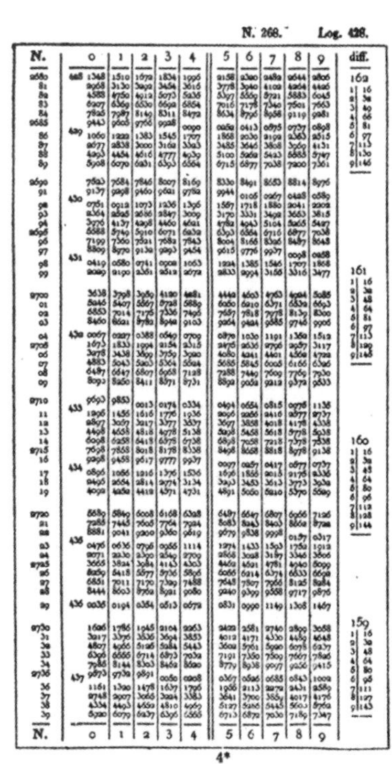
N. 268. Log. 428.

(인간) 계산가가 힘들게 생산해낸 로그표

5 배비지는 『기계와 제조업의 경제학에 관하여』에서 애덤 스미스보다 훨씬 더 가차 없이, 노동 분업의 무정하게도 효율적인 논리와 앞서 상술했던 그로 인한 노동의 가치 저하에 큰 지면을

할애했다.

우리는 노동 분업이 기계 작용과 정신 작용 모두에서, 각 단계마다 요구되는 기술과 지식의 양을 정확하게 구입해서 적용할 수 있게 하는 효과를 낸다는 점을 보았다. 바늘을 조절하고 수레를 돌리는 일은 하루에 6펜스면 할 수 있다. 따라서 같은 일을 하는 대가로 하루에 8~10실링을 줘야 하는 사람을 전혀 고용할 필요가 없다. 또 연산의 최하위 과정을 수행하는 일에 기량이 뛰어난 수학자를 고용하여 생기는 손실 역시 똑같이 피한다.

8장

사용자 경험!

원통 회전식 활판 윤전기

USER EXPERIENCE!

WITH SPECIAL APPEARANCE BY

GEORGE ELIOT, to be played by Miss Marian EVANS, or Vice Versa.

Guest Appearances By MESSRS. Ch. DICKENS; Th. CARLYLE; W. COLLINS; etc.

By POPULAR DEMAND, return of **Mr. I.K. BRUNEL**, the Celebrated Engineer.

Extensive All-New Scenery & Mechanical Effects Procured at Great Expense, the

MYSTERIOUS CHINESE ROOM

INTERIOR OF THE ENGINE

THE PERFORATORIUM

Performance to Conclude with Interesting ENDNOTES and SUNDRY FACTS.

스트랜드 가는 우리 주인공들이 사는 번창한 수학 구역에서 멀리 떨어진 곳에 있는, 저속한 선술집과 평판 나쁜 커피하우스, 그리고 그보다 훨씬 더 비천한 … 작가들이 사는 거리다!

급진적 성향의 〈웨스트민스터 리뷰〉 지 편집자는 다른 종류의 교정*에 애쓰고 있었다.

* 영어로는 proof로 증명과 같은 단어다 — 옮긴이

이걸 보는 게 낫겠어요, 메리언.
위대한 기관에 있는 컴퓨터가 우리 친구 '조지'의 일과 관련해서 보낸 최신
법령이에요!
"반드시 철자 확인?"

✿ 〈웨스트민스터 리뷰〉는 급진 성향 계간지로 제러미 벤담과 존 스튜어트 밀이 창간했다. 1850년대 중반, 이 잡지의 편집은 자기만의 방을 가진 아주 보기 드문 여성이었던 메리언 에번스가 담당했다.

> 나는 지금 142번지 뒤쪽 어두운 방에서 난롯가 안락의자에 반쯤 모로 누워, 머리카락을 어깨에 드리우고 팔걸이에 다리를 걸친 채 손에 교정쇄를 쥐고 있는 그녀를 볼 수 있다.
> — 윌리엄 헤일 화이트가 1885년 11월 28일 런던의 주간 문예평론지 〈애서니엄〉에 실린 '리터러리 가십'에서 메리언 에번스에 대해 쓴 글 가운데

✿ 후세에 조지 엘리엇으로 더 유명한 메리언 에번스는 포켓 유니버스의 연대표에 간신히 들어맞는 행운의 생물이다. 그녀는 1850년 무렵 글을 쓰는 삶을 지속하기 위해 런던으로 이사했다.

나는 그녀의 웅장한 코를 작게 그린 편이다. 아마 그녀는 내가 그린 머리카락도 마뜩찮아 할 것이다. 메리언은 1849년에 쓴 편지에서 매우 유명한 자신의 헤어스타일에 대해 불평했다. “그녀가 내 곱슬머리를 모두 풀어버렸어. 그러고는 스핑크스 머리에 달린 것처럼 머리카락을 머리 양 옆으로 툭 튀어나오게 두 가닥으로 말아놨지. 모두 내가 훨씬 나아 보인다고 말해. 그래서 그들 의견을 따르고는 있지만 내 눈에는 전보다 더 추해 보여. 물론 전보다 더 추해지는 게 가능하다면 말이야.”

✿ 여기서 조지가 하는 말은 그녀의 첫 소설인『에이모스 바튼 목사의 슬픈 운명』의 서두를 짜깁기해서 인용했다. 이 소설은 1856년에 〈블랙우즈 에딘버러 매거진〉에 익명으로 발표되었다.

✿ 새로운 경찰은 로버트 필이 자원자와 사설 경비원이 혼합되어 있던 낡은 형태를 대체하기 위해 1829년에 세운 수도경찰청으로, 세계 최초의 전문 경찰청이다. 1840년의 1페니 우편제는 편지마다 배달 거리를 구체적으로 계산하는 낡은 체계 대신 우표와 정액 우편요금을 도입했다. 찰스 배비지는 롤런드 힐에게 일반 우편요금을 제안하면서 1페니 우편제의 혁신을 주장한다. 롤런드 힐은 당시 배비지 아들의 학교 교사였다. 후에 그는 우정장관이 되었다.

✿ 빅토리아 시대의 거대한 공학 프로젝트로 인해 런던 인근이 파괴된 일을 찰스 디킨스는 『돔비와 아들』에서 선명하게 그려냈다.

대지진의 첫 충격이 바로 그 시기에 진원지 부근 전체를 두 동강 냈다. 사방에서 그 경로의 흔적이 보였다. 집들이 허물어지고 거리는 깨어져 끊겼으며, 땅 속 깊이 구덩이와 도랑이 파였다. 어마어마한 양의 흙과 진흙 무더기가 밖으로 흘러나왔다. 기반이 약해져 흔들린 건물들은 커다란 나무 들보로 떠받혀야만 했다. 이쪽에는 뒤집힌 짐수레들이 뒤섞여 가파르고 부자연스런 언덕 바닥에 온통 뒤죽박죽 놓여 있었다. 저쪽에는 식별할 수 없는 귀한 철들이 뜻하게 않게 만들어진 연못에 잠겨 녹슬고 있었다. 어디로도 이어지지 않는 다리가 도처에 놓였다. 완전히 폐쇄된 간선도로, 바벨탑처럼 반 토막 난 굴뚝, 전혀 있을 법하지 않은 상태의 임시 목조 숙

소와 울타리, 남루한 공동주택 잔해, 미완성된 벽과 아치형 구조물의 파편들, 산적한 발판과 불규칙하게 늘어선 벽돌, 거대한 기중기와 어디에도 걸치지 못한 삼각대. 제자리를 벗어나 뒤집혔거나 땅 아래 묻혔거나 공중으로 우뚝 솟았거나 물속에서 썩고 있는, 꿈처럼 이해할 수 없는 극도로 뒤섞인 불완전한 형상과 물질들이 수없이 많았다. 대개 지진에 수반하는 온천과 불타는 듯한 폭발이 이 장면에 혼란을 더했다. 다 허물어져가는 벽 안에서 끓는 물이 쉬익 소리를 내며 들썩거렸다. 포효하는 눈부신 불꽃도 쏟아져 나왔다. 잿더미가 공공 통행로를 가로막았고 인근의 법과 관습을 완전히 바꿔버렸다.

요컨대, 아직 완공되지 않아 개시 전인 철도가 구축되던 중이었다. 문명화와 진보의 중대한 과정 속에서 순조롭게 차츰 잦아들고 있는 이 모든 엄청난 무질서의 한가운데에서 말이다.

✿ 당시 많은 여성 소설가들처럼 메리언 에번스는 『애덤 비드』가 큰 성공을 거둘 때까지 간신히 자기 신분을 숨기고 여러 해 동안 무성한 추측의 대상이 되며 필명으로 작품을 썼다.

✿ 브루넬은 대서부 철도를 건설 중이던 1841년 3월에 쓴 편지에서 사면초가에 몰린 계약자들에게 이렇게 말했다. "일전에 지상에서 당신에게 설명했다시피 내게는 대안이 없소이다. … 일은 끝내야만 하고, 당신이 하지 않는다면 내가 한시의 지체도 없이 또는 하루도 미루지 않고 그 일을 하겠소. 따라서 당신이 즉시 최선을 다해 나를 만족시키지 않는다면 당신 손에서 일감을 가져가겠다고 정식으로 통지하는 바요." 내가 즉석에서 "게으른 굼벵이"라는 표현을 만들어냈다는 점은 인정한다. 그러나 그가 몇몇 불쌍한 사람들을 "기념비적인 늑장"을 부린다며 비난한 것은 사실이다. 브루넬의 편지는 그의 기준을 충족하지 못한 사람들, 말하자면 모든 사람에 대한 머리털 쭈뼛 서는 욕설과 협박으로 가득하다.

✿ 기관의 크기가 계속해서 확대된 이유는 포켓 유니버스에서 브루넬의 법칙[1]이라고 알려진 규칙 때문이다.

✿ 철자 확인을 위해 여성 소설가들 몇 명과 엘리자베스 개스켈, 토머스 칼라일, 윌키 콜린스, 찰스 디킨스가 줄을 서 있다. 왼쪽 멀리에 앉은 이는 제인 오스틴이다. 물론 그녀는 우리의 열등한 우주에서는 1817년에 사망했지만 포켓 유니버스에서는 아흔다섯 살까지 살며 수십 권의 베스트셀러 대작을 저술하여 떼돈을 벌고 그 후로 계속 행복하게 살았다.

키가 크고 엄격한 표정을 짓고 있는 토머스 칼라일은 당시 독보적이었지만 현재는 거의 읽히지 않는 빅토리아 시대의 사회 참여 지식인이었다. 그와 배비지는 서로를 몹시 증오했다. 아마도 칼라일이 경제학자를 싫어했기 때문인 것 같다.(그는 "우울한 학문dismal science"이라는 말을 새로 만들어냈는데, 경제학을 의미한다.) 또 그가 노예제를 옹호하는 글을 썼고 배비지는 그 글이 비열하다고 여겼기 때문일 것이다. 찰스 다윈에 따르면, 그들은 만찬에서 서로 대화를 독점하기 위해 경쟁적으로 다퉜다고 한다.

형의 집에서 열렸던 기이한 만찬을 기억한다. 이 만찬에 참석한 몇 안 되는 다른 사람들 중에 배비지와 라이엘이 있었는데 둘 다 얘기하는 걸 좋아했다. 그러나 칼라일이 만찬 내내 침묵의 이점에 대한 장광설을 늘어놓아 모든 사람들을 조용하게 만들었다. 만찬이 끝난 후, 배비지는 자신만의 엄숙한 방식으로 칼라일에게 침묵에 관한 매우 흥미로운 강의에 감사를 표했다.

✿ 『여성 소설가가 쓴 시시한 소설』은 엘리엇이 익명으로 1856년에 발표한 에세이였다. 이 에세이는 오늘날 일명 "칙릿"이라고 부르는, 지나치게 이상화된 여주인공을 앞세운 소설을 호되게 비난한다. "그녀는 이상적 여성이다. 정서나 능력, 주름 장식에서도" 그리고 "책을 출간하는 데 필요한 끈질긴 근면성과 책임감, 예술의 성스러움에 대한 작가의 공감"은 부족하다. 이 만화에 등장한 여성 소설가는 진실하고 끈덕진 주석자(이 만화의 저자)가 연기한다. 논란의 여지가 있는 여성이지만 소설은 극단적으로 우스꽝스러운 이 모든 논쟁을 넘어선다.

✿ 장대한 수염을 단 윌키 콜린스는 디킨스와 많은 시간을 보내곤 했다. 그들은 함께 끔찍한 희곡 『깊이 얼어붙은』을 썼다. 윌키의 작품 『흰 옷을 입은 여인』에 등장하는 소박하고 명석한 메리언 할콤의 모델이 메리언 에번스라는 의견이 있다. 윌키의 아버지는 잘 알려진 화가로 젊은 시절의 에이다와 만난 적이 있다. 그는 그녀를 "티클 만한 궁지도 갖고 있지 않다"고 묘사했다. 윌키 자신은 결코 에이다를 만난 적이 없다. 참으로 애석한 일이다. 두 사람은 모두 자유로운 성격에 아편을 복용했으므로, 서로 급속히 친해졌을 것이다.

✿ 찰스 배비지는 책과 소논문을 다작하는 작가였다. 현재까지 최대 히트작은 1820년대의 기술 상황에 대한 조사를 담은『기계와 제조업의 경제학에 관하여』(〈애서니엄〉은 이 책에 대해 "순수한 만족감"이라고 평했다)로 이 책은 지금 읽어도 여전히 재미있다. 그 첫 번째 편집판에는 출판과 서적판매 시장에서 그다지 현명치 못하게 이루어지던 가격 담합과 다른 어두운 관례를 사례로 다룬 장이 포함돼 있다. 배비지와 서적상 사이의 싸움은 두 번째 편집판에서도 지속되었고 그는 서적상들의 성난 방어에 대한 자신의 반박을 서문에 실었다. 세 번째 편집판에서도 이 싸움은 계속되어서 두 번째 편집판에 실은 반박과 새로운 일련의 주장들이 다시 한 번 서문을 장식했다.

✿ 토머스 칼라일이 1840년 11월, 형제에게 쓴 편지에서 "배비지는 개구리 같은 입과 독사 같은 눈으로, 완고하고 융통성 없는 역설로, 꿰뚫어보는 듯 굉장히 신랄한 이기주의로 계속해서 내게 매우 무례하게 굴어"라고 말했다.

✿ 디킨스는 배비지와 러브레이스 모두와 잘 알았다.(그는 러브레이스가 사망하기 며칠 전에 그녀에게 자기 작품에서 발췌한 내용을 읽어줬다.) 『리틀 도릿』에 등장하는 신비한 기계 작용의 발명가 도이스 씨가 배비지를 모델로 한 건 아닐지라도, 적어도 배비지가 정부 지원금과 관련해 처한 상황을 참조했으리라는 게 일반적 중론이다.

"여기 도이스 씨는," 미글스가 말했다. "제조인이자 공학자입니다. 그는 널리는 아니어도 매우 독창적인 사람으로 유명하지요. 12년 전 그는 자기 나라와 동포에게 매우 중요한 (아주 궁금한 비밀 과정을 수반하는) 발명품을 완성했습니다. 거기에 비용이 얼마나 많이 들었는지, 그가 얼마나 많은 시간을 쏟아 부었는지는 말하지 않겠습니다. 어쨌든 그는 12년 전에 그것을 완성했습니다. 12년이 아니라고요?" 도이스에 대해 설명하며 미글스가 말했다. "그는 세상에서 가장 짜증나는 사람이오. 결코 불평하는 법이 없소!"

나는 디킨스가 지나치게 겸손하여 "불평하지 않는" 도이스 씨에 관한 묘사에서 배비지를 조롱하고 있다고 의심한다!

✿ 메리언 에번스가 소설가로 인생의 첫발을 내디뎠을 때 그녀는 어리지도, 아름답지도, 순수하지도 않았다. 그녀는 37세에 『목사생활의 정경』을 집필했다. 헨리 제임스는 그녀를 엄청나게 추하고, 매우 재미나게 고약하다고 묘사했다. 게다가 유부남과 동거 중이기도 했다. 빅토리아 시대의 법과 도덕이 실질적으로 어떻게 위선을 강요하는가에 대한 어떤 사례 연구에서 에번스의 연인인 조지 헨리 루이스는 아내와 서로 별거 중이었고 그녀가 다른 남자의 아이를 넷이나 낳았음에도 이혼할 수가 없었다. 그들은 개방적 결혼에 동의했으며, 따라서 그가 그녀의 간통을 공모한 셈이기 때문이었다. 메리언 에번스와 조지 루이스는 함께 유럽으로 달아나서 전 시대에서 가장 조화롭고 행복한 "결혼" 생활 중 하나를 영위했다. 에번스는 상류사회에 받아들여지지 않았다. 빅토리아 시대를 고려해볼 때, 상류사회에 받아들여지지 않은 일은 그 자체로 큰 기쁨이었으리라.

✿ 천왕성이라는 웅장한 행성을 발견한 윌리엄 허셜은 1781년 이 행성에 조지라는 이름을 붙였다.(허셜은 배비지의 절친한 친구 존 허셜의 아버지다.) 구체적으로 말하면, 허셜이 매우 비싼 망원경을 사는 데 재정적으로 도움을 많이 주었던 조지 3세를 기려 "조지 왕조 시대의 행성Georgian Planet"이라는 이름을 붙였다. 이 고전적이지 않은 이름에 대해 국제적으로(대개 프랑스에서) 격렬한 항의가 제기되어 1790년대에 새 행성은 이름을 다시 지었다. 그러나 1850년대에 여왕 폐하의 항해력에서는 이 행성이 여전히 조지라고 불렸다. 키득거리는 어린 학생들 세대는 천왕성에 대해 아마도 그 행성이 조지였을 때 전반적으로 형편이 더 나았다는 느낌을 받을 것이다.

✿ 배비지는 시에 대한 정의를 이 주제에 대한 위키피디아 수록 내용에서 가져왔다.

✿ 중국어 방은 철학자 존 설이 1980년에 자신의 논문 『마음, 뇌 그리고 프로그램』에서 제안한 사고실험으로 인공지능의 맥락에서 "이해"가 의미하는 바를 탐구하는 방법이다.

강한 인공지능의 열렬한 지지자들은 일련의 질문과 답변에서 기계가 인간의 능력을 흉내 낼 뿐만 아니라 '(1) 문자 그대로 말을 이해하고 질문에 대해 답할 수 있으며, (2) 기계와 그 프로그램이 하는 일은 말을 이해하고 질문에 답하는 인간의 능력을 정말로 설명해준다'고 주장한다.

중국어 방은 폐쇄된 방을 가정한다. 외부와 연결되는 구멍이 뚫려 있으며, 외부에서 제시되는 중국문자에 기계적으로 대응하는 지시문들이 놓여 있다. 그 방에 중국어를 전혀 모르는 사람을 들여보낸다. 그는 구멍을 통해 중국어로 쓰인 질문을 받고 지시문을 참고하여 자신이 받은 질문에 대한 답을 구멍을 통해 내보낸다. 만약 질문자가 정말로 중국어를 이해하는 사람과 아주 훌륭한 지시문 세트를 가진 사람을 구별할 수 없다면 우리가 대화를 "이해하는" 사람과 알고리즘을 거쳐 단계를 밟는 컴퓨터를 구분할 수 있다고 어떻게 말할 수 있겠는가?

✿ 배비지의 "자동 소설가" 기계는 1844년 만화잡지 〈펀치〉[2]에 등장한다. "비공개 베타 버전"은 일반 대중을 대상으로 하지 않는 소프트웨어의 배포를 말한다.

나는 그 프로그램을 운영하는 일을 자네에게 맡길 수 있다고 믿네. 그러니 알고리즘에서 벗어나지 말게!
당신이 제게 의지할지도 모르지요.
걱정 마세요, 아가씨. 저는 그 두 과학자만큼이나 이 기관을 잘 알지요. 그건 그저 빙빙 돌리는 손잡이와 당기는 레버일 뿐이에요.
당신 책은 하인 탐정인 딕 라이트닝 같은 건가요?
우리는 감히 추정하지 않아요.
자료를 기관이 읽을 수 있도록 접수대 쟁반에 놓으세요!
그 뒤 회전판에 놓인 지시사항을 따르세요!
저게 이것을 읽는다고? 맙소사, 나는 기계가 그렇게 영리한지 몰랐어!
이건 그저 작은 문학적 노력일 뿐이야!
탁!
레버를 당기세요.
판면을 돌릴 필요가 있을까? 아니면…
오, 항상 이런 걸 당겨보고 싶었어.
철컹!
휘익!

제가 뭘 한 거죠?
이거 풀 수 있어요?
고리형성 레버 활성화
계속하길 원하십니까?
계속하려면 정지 레버를
멈추려면 계속 레버를
작동시키세요.
5초 내에 다시 시작됩니다.
5 4 3 2 1 0
펑!
차트 672(3권)를 참조하여 부록 P의 세부항목 T.21을 보라.
대체 어느 거예요?
계속
정지
멈춰, 멈추라고!
으아앙… 악!!!
찌그르르륵
꼬드득!
우적! 우적!
쿵! 쿵!
으드득!
치익!
붕 붕 붕

원고는 어디 있죠? 기계가 삼켜버렸다고요!! 당신 이걸 사실 이해하지 못하는 거죠? 그렇죠?
러브레이스 부인 말씀이 여기에 다소 복잡한 철학적 문제가 있다고…
네, 전 사실 정말로 이해하지는 못하고 있습니다.
엔진실
저쪽 어딘가에 있는 게 틀림없어요.
사용자 오류, 사용자 오류…
나 돌아왔어! 다 잘 되고 있을 거라 생각하는데?
당신, 어서 해봐요!

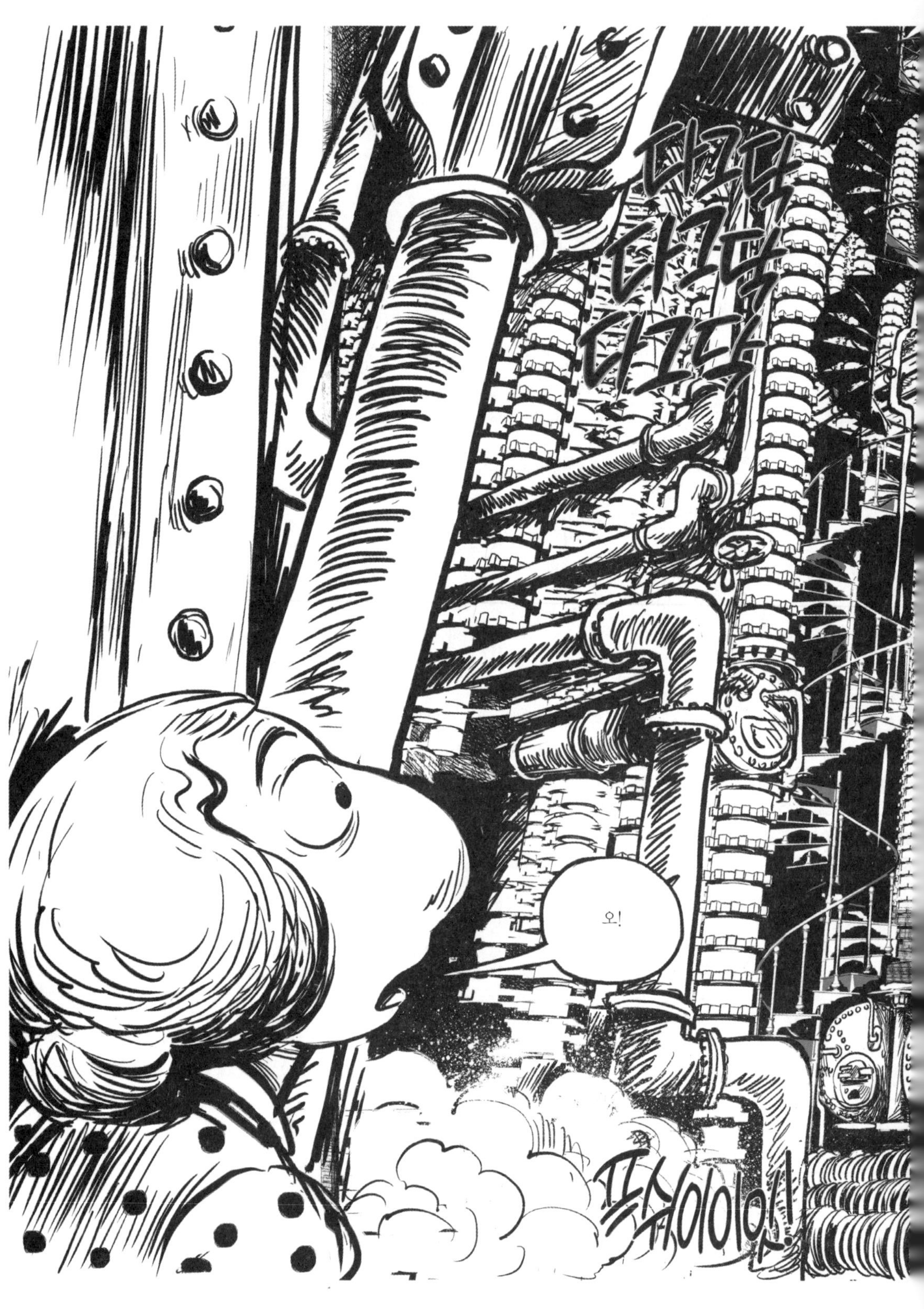
다그닥
다그닥
다그닥
오!
프슈이이이익!

텅!!
거대한 계산기야…
내 원고!!

거기 서,
멈추라고!

여보세요?

기관 속에서 길을
잃으신 것 같군요!
도와드릴까요??

왜 뒤쫓아
가지 않은 거야?
그 정부 조사 이후로
더 이상 민간인을
잃을 수 없어!
그건 당신
알고리즘에
없었다고요!
당신은 소통 능력을
개선할 필요가 있어요.

✿『플로스 강의 물방앗간』 중에서

"톰, 너도 알겠지만", 마침내 딘 씨가 몸을 뒤로 젖히며 입을 열었다, "요즘은 내가 젊었을 때보다 세상이 더 빠르게 변한단 말이다. 아니, 40년 전 내가 너만큼이나 건장한 젊은이였을 때는, 남자가 결정권을 쥐려면 인생 최고의 시절을 다 바쳐서 노력해야 했어. 베틀은 더디 움직였고 유행도 이렇게 빠르게 변하지 않았지. 양복 하나로 6년을 충분히 입었으니까. 모든 게 규모가 더 작았지, 비용 면에서 말이다. 알다시피, 차이를 만들어낸 건 증기 기관이야. 기계가 두 배로 빨리 돌아가고 운명의 수레바퀴도 더불어 빨라졌지…."

이리로 돌아와!

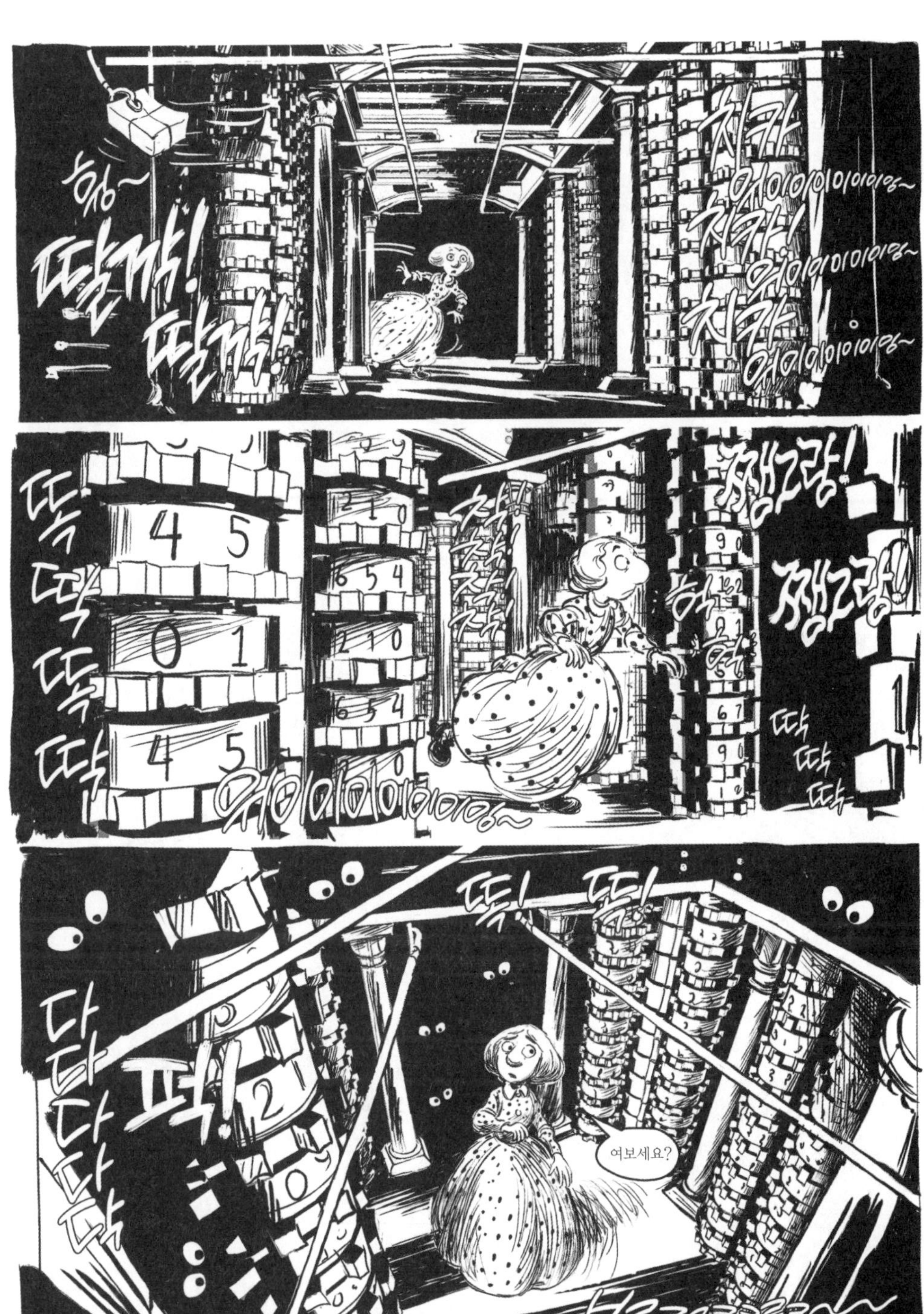
휭~
딸깍!
딸깍!
치카
어이이이이이이잉~
치카!
어이이이이이이잉~
치카
어이이이이이이잉~
또닥
또닥
또닥
또닥!
쨍그랑!
쨍그랑!
딱
딱
딱
똑! 똑!
다다다닥
퍽!
여보세요?
부르르르르르르르~

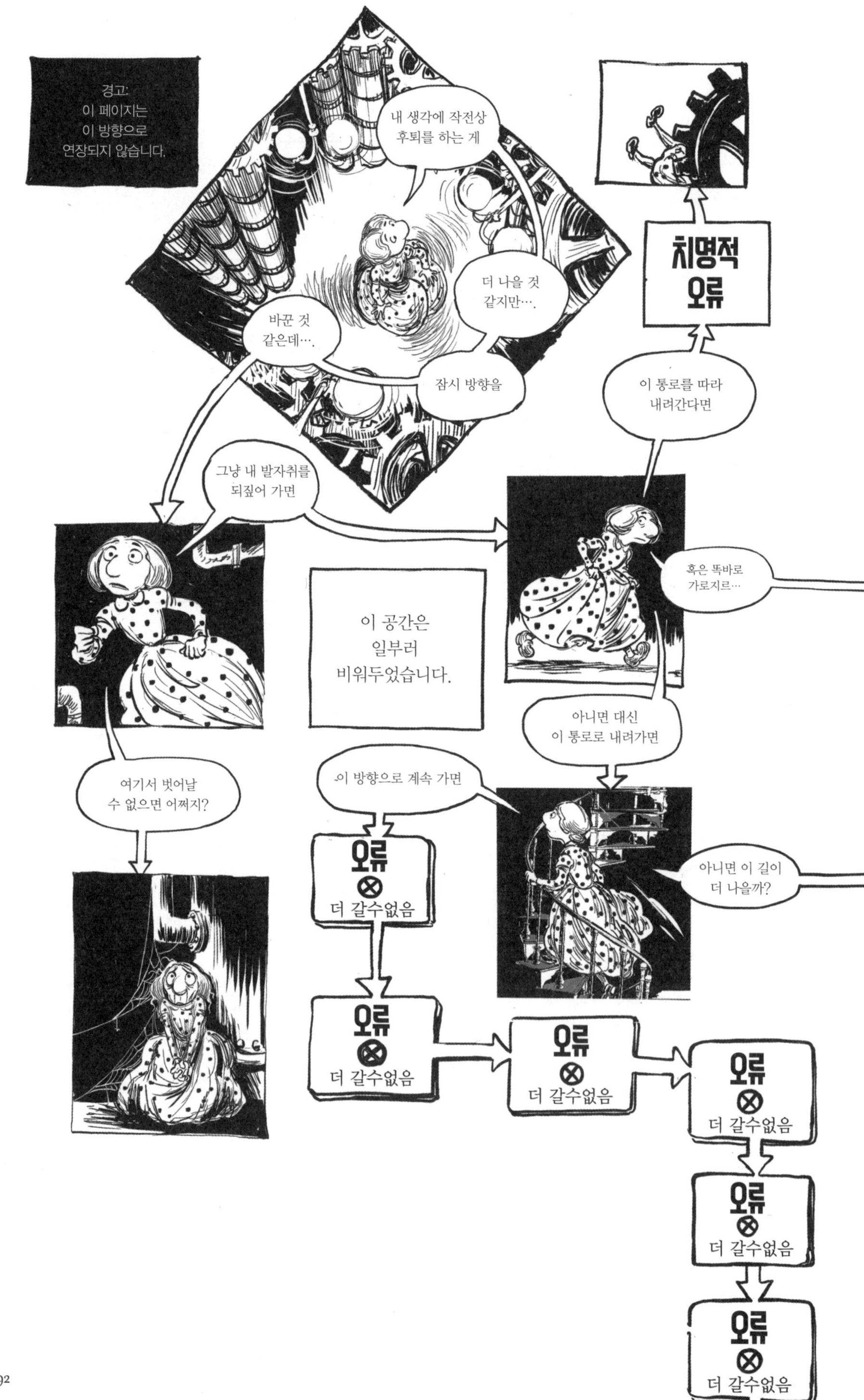

경고:
이 페이지는
이 방향으로
연장되지 않습니다.
내 생각에 작전상
후퇴를 하는 게
더 나을 것
같지만….
잠시 방향을
바꾼 것
같은데….
그냥 내 발자취를
되짚어 가면
여기서 벗어날
수 없으면 어쩌지?
이 통로를 따라
내려간다면
치명적
오류
혹은 똑바로
가로지르…
이 공간은
일부러
비워두었습니다.
아니면 대신
이 통로로 내려가면
이 방향으로 계속 가면
오류
더 갈수없음
아니면 이 길이
더 나을까?
오류
더 갈수없음
오류
더 갈수없음
오류
더 갈수없음
오류
더 갈수없음
오류
더 갈수없음

• 메모리 요청이 반복되다 보니 더 이상 사용할 메모리가 없는 상태—옮긴이

✿ 순서도는 1920년대와 1940년대 사이에 공장의 효율성 향상부터 컴퓨터 프로그래밍까지 다양한 목적을 위해 여러 번 발명되었다. 배비지는 해석기관을 둘러싼 숫자의 복잡한 흐름을 이해하기 위해 흥미를 부추기는 순서도의 숫자들을 직접 그렸다.

✿ 고전적 교육을 받은 조지는 물론 오비디우스의『변신 이야기』를 라틴어로 인용할 수 있다.

아테네의 위대한 다이달로스는 / 도면을 그리고 경탄스러운 배치도를 만들었네.
내부의 방들은 잿물을 둘러싸고 / 수많은 우회로들은 눈을 속이지. …
미궁은 그런 곳, 너무나 복잡한 장소라서 / 모든 굴곡을 추적할 수 있는 일꾼이 거의 없는,
다이달로스 자신조차 스스로 설계한 미궁의 비밀스런 길들을 / 찾아내기 곤혹스러운.
(존 드라이든 번역판, 1717)

✿ 배비지의 디지털 표기법은 작동 중인 부위들 사이의 상호관계를 기록하기 위해 회로를 도해로 표시한 코드로서, 그가 가장 자랑스러워하는 성취 중 하나였다. 그러나 해석기관과 마찬가지로 동시대인들이 그 유용성을 이해하기란 어려웠다. 자서전에서 배비지는 이 체계의 세부사항을 대충 훑어본 뒤, 그에 대해 상으로 보답하지 않은 과학협회를 빈정거리며 묵직한 폭언을 늘어놓는다. 1876년에 출간된 매혹적인 책『기계운동학』에서 나는 프란츠 뢸로가 쓴 이 글을 발견했다.

> 기계에 실질적으로 관심이 있는 사람들은 이 표기법에 주목하지 않았다. 배비지가 죽은 후 바로 출간된 그의 작품에서는 이러한 관심에 대한 욕구가 엄청난 짜증으로 표출되어 무의식적으로 드러난다. 여기서 그는 자신의 작업에 대한 이해와 인정이 부족했던 동시대인들을 비난하며, 아테네의 타이먼이 자신의 삽으로 그랬듯, 아주 격렬하게 스스로에게 부딪쳤다. 그러나 그의 표기법 체계가 받아들여지지 않은 이유는 그 자체의 결함 때문이지 대중이 부족하기 때문은 아니라고 보아야 한다. 물론, 다른 영역에서 그가 이룬 아주 중대한 노고의 가치는 조금도 폄하하지 않고서 말이다.

❁ 배비지는 1860년 국제통계회의가 열리기 몇 년 전에 다른 언어의 존재를 "커다란 악"으로 선언했다. 그는 더 이상의 분기를 막을 것을 위원회에 제안했다.

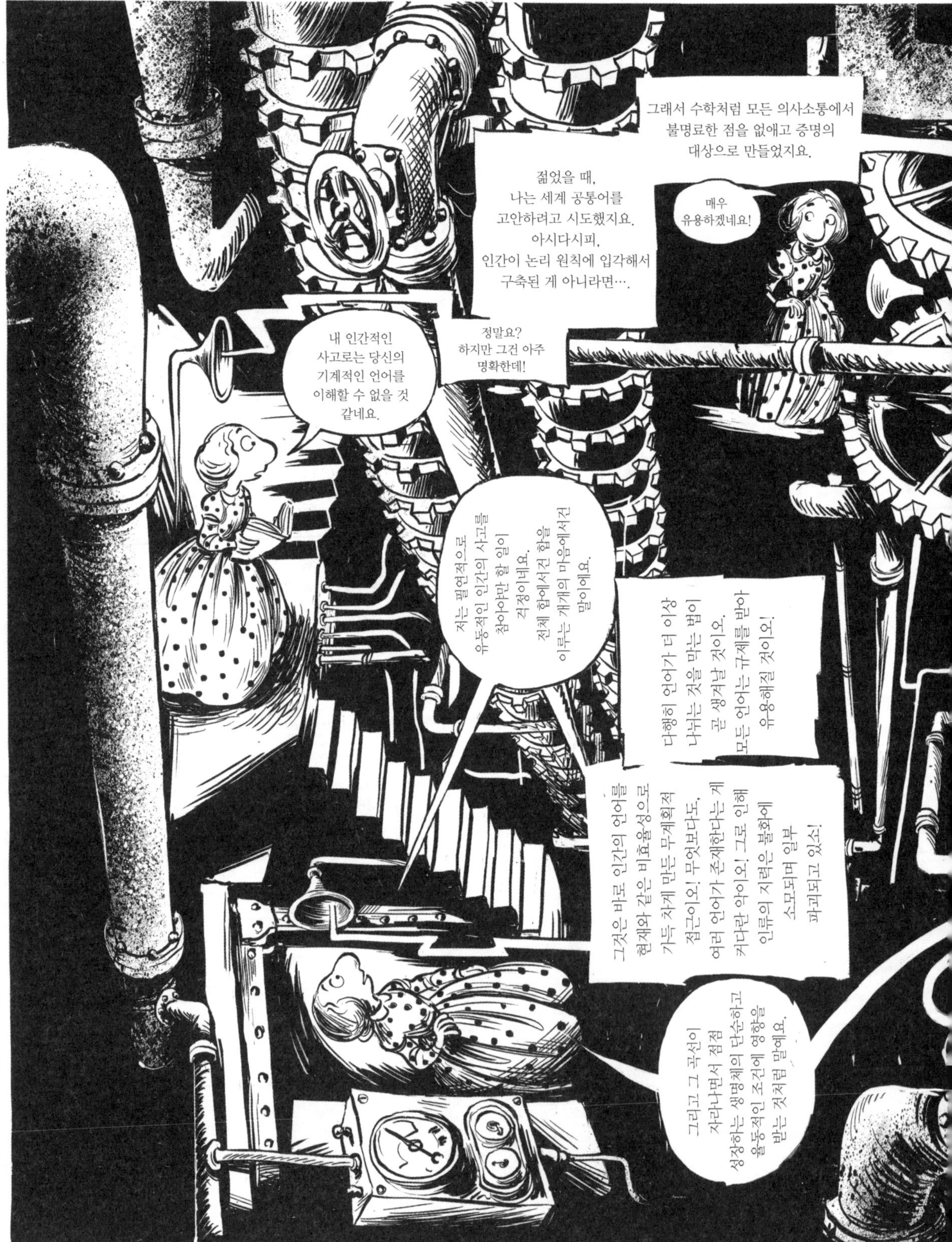

❁ 배비지는 자서전에서 세계 공통어를 시도한 일을 설명했다.

만약 언어를 충분히 엄밀하게 설계할 수 있다면, 말하는 방식이 간결해져서 거의 말할 필요가 없어질 겁니다!
그래서 성공했나요?
슬프게도, 필요할 때 의미를 만들어내려 상징을 연속해서 순서대로 배열하는 일이 명백히 불가능해서 그만뒀지요. 그런데 지금 기관이 그 문제에 영향을 받을 수 있어 다시 검토할 생각입니다.
하지만 표현을 억류하는 껍질처럼 언어를 틀에 넣거나 계획을 세워서 발전시키는 일은 분명히 불가능해요.
동물의 껍질이 생명 그 자체보다 먼저 생길 수 없는 것처럼요.
언어는 반복하려는 경향이 있어 주어진 상황에 적응하여 자신의 원소들을 반복시켜 형태를 만들어내죠.
마치 쌍각연체동물 껍질의 아름답게 확장하는 곡선이 불안정한 서식동물을 수용하기 위해서 맨 처음 만들어진 게 아닌 것처럼.
ESC

✿ 조지의 대사는 그녀 생전에는 출판되지 않았던 에세이 『예술의 형태에 대한 기록』에서 발췌했다. 그러나 여기서 그녀는 시에 대해 말하고 있다.

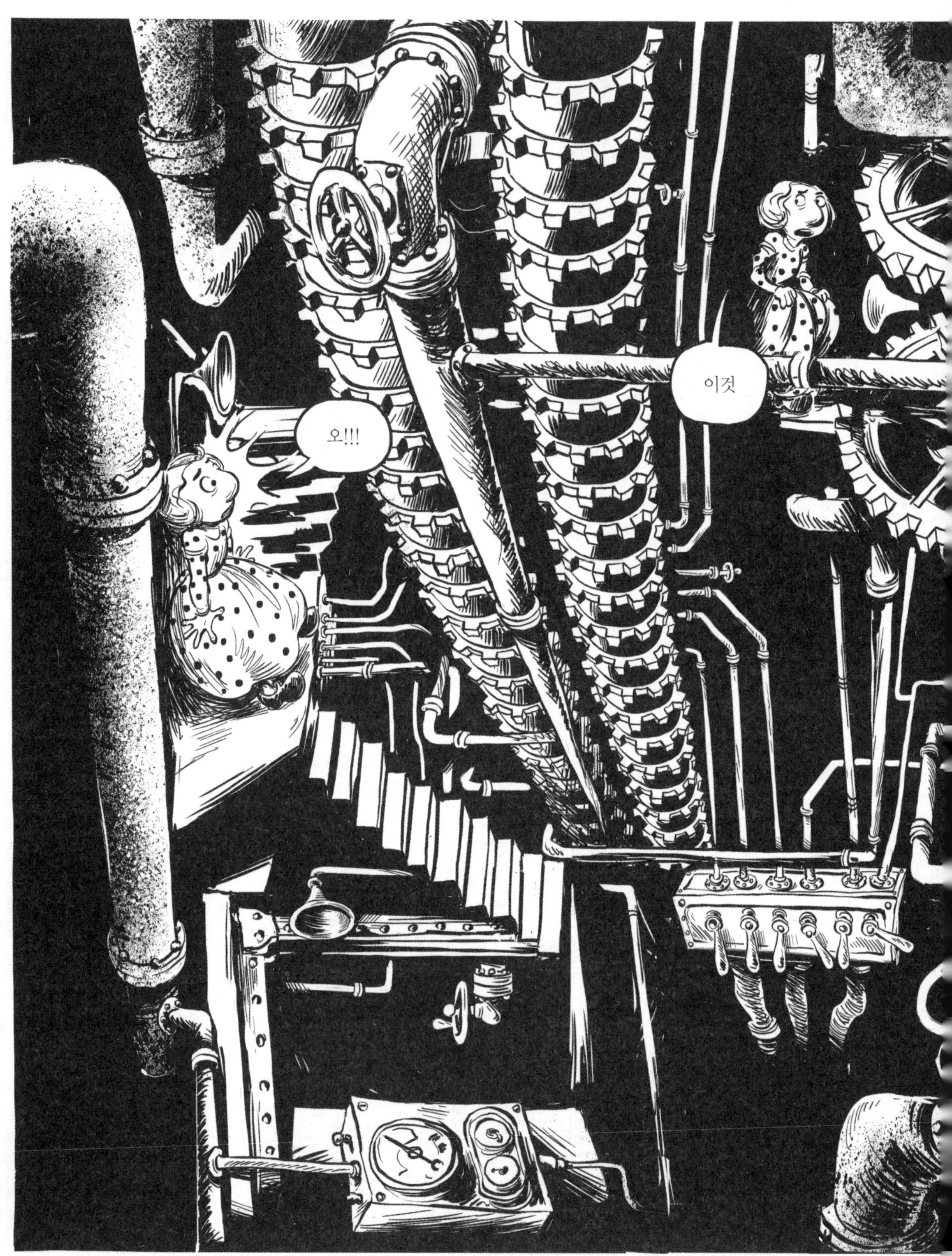

✿ 루프는 해석기관의 핵심이다. 배비지는 차분기관이 "자기 꼬리를 잘라 먹는다"는 말로 루프에 대해 자신이 생각한 최초의 개념을 묘사했다.

✿ 기관에는 명확한 결과에 도달했을 때 정지하도록 천공카드의 순서를 되감고 반복하는 루프 프로그램을 가동할 수 있는 작은 장치들이 있다. 그것은 이 기관의 가장 컴퓨터에 가까운 능력 중 하나다. 러브레이스 부인은 『해석기관 개요』에 단 주석에서 프로그래머다운 시각을 펼쳤다.

> 이 기계적 향상은 특히 수학 연산에서 순환이 일어날 때마다 적용될 수 있으며, 기관이 계산을 수행하기 위해 자료를 준비할 때 지지 시스템의 기계적 이점을 극도로 적용할 수 있도록, 가능한 한 대칭적이고 순환적으로 과정을 구하려는 시각에서 그 순서와 조합을 배열하는 것이 바람직하다는 사실은 분명하다.

루프는 만화를 그릴 때 시간을 많이 절약해준다.

착!
다그닥
착!
다가닥
착!
다그닥
착!
다가닥
착!
다그닥
착!
다가닥
착!
다그닥
착!
다가닥
다그닥
여보세요? 여보세요?
아직 살아 있나요?
네…
어딘가 시끄러운
장소에 있어요.

고마워라!
이 페이지에는
각주가 없네요.

✿ 제작장치는 우리가 시피유(CPU), 또는 중앙처리장치라고 부르는 곳으로 덧셈, 곱셈 등을 수행하는 다양한 기제 모두가 저장돼 있다.

✿ 이 자리올림 지지대의 물결치는 동작은 상당히 시선을 사로잡는 차분기관의 특징 중 하나다. 아름답지만 치명적인 자리올림 지지대는 해석기관에는 없다. 배비지는 (내게는 굉장히 짜증스런 일인데) 자신의 기발한 '예상 운반자'로 이 부분을 대체해버렸다. 예상 운반자는 덧셈을 하나 수행하는 데 걸리는 시간을 2초 줄여준다. 자세한 내용은 부록2에 수록했다. 이 장치는 매우 영리하기는 하지만 상당히 덜 예쁘며 코미디에는 어울리지 않는다.

✿ 경이로운 온오프 레버들이 기관의 여러 부분과 맞물리거나 분리되며 제어장치와 천공카드의 지시를 받는다.

이 거대한 톱니바퀴는 실제로는 수평으로 놓여 있다. 배비지의 1840년대 설계도에서는 직경 60센티미터에 가까운 이 거대한 톱니바퀴가 기관의 중심을 차지한다. 이 바퀴는 제작장치의 다양한 기제를 둘러싼 숫자를 움직인다.

✿ 조지는 『플로스 강의 물방앗간』에서 다시 한 번 대사를 인용한다.

기계 옆에 너무 가까이 다가갔다가 회전속도조절바퀴 같은 데 휘말려 갑자기 예기치 않게 다진 고기가 되어 버린 성급한 사람에 대해서, 굉장히 규칙적으로 자기 일을 수행하는 그 기발한 기계보다 변호사에게 죄가 더 많지는 않다고 생각할 수도 있다.

이야옹~!
쥐를 없애려고 고양이들을 데려왔죠.
이제는 고양이와 쥐들이 함께 들끓고 있지만…
그들은 매우 영리해서 톱니바퀴 밖에 머물러요.
그렇지 않았다간 살아남지 못하니. 내 생각엔….
우르르르렁!
나비야!
냐옹

✿ 이 방에 대해서는 전부 부연 설명을 했지만 러브레이스와 배비지 모두 동물을 매우 사랑했고 진짜 애견가였다는 사실 역시 언급해야겠다. 배비지는 폴리라 불리는 스파니엘을 키웠고 러브레이스는 하운드를 여러 마리 길렀다. 그 중에서도 시리우스라 불리는 커다란 점이 박힌 닭 사냥꾼이 유명했다.

수 주 전에 원숭이가 침입했어요. 그래서 표범을 설치했죠. 그런데 아직까지 표범이 어디 있는지 파악되지 않았어요.

기관에 집어넣은 내 원고가 어떻게 됐는지 말해줄 수 있나요? 무사한 거죠?
원… 앗!

배비지! 배비지!
이 과정이 용량의 72.3퍼센트를 잡아먹었어요. 당신은 전체 원고에 대한 정자법 표준화기를 검사하지 않았군요!
빅토리아 시대의 소설이 얼마나 긴지 알아요?
탁! 탁!
당신은 내가 베타에서 빠져나오지 않는다고 계속 책망하고 있소! 뭔가 보내시오, 당신이 그랬잖소!
당신은 의사소통 능력을 개선할 필요가 있어요.

✿ 에번스와 러브레이스가 주고받은 라틴어는 아래 시구다.

"영혼은 죽지 않고 새로운 삶을 다시 시작한다. / 다른 형태에서, 오직 기거할 곳만 바뀔 뿐"
(오비디우스의 『변신 이야기』)

✿ 톱니 모양 장치로 이루어진 긴 막대는 제작장치와 저장장치 사이에서 숫자를 옮기는 "랙rack", 즉 톱니막대와 톱니바퀴가 맞물리는 장치다.

이것이 우리가 파괴적인 판독기라고
부르는 것인 듯하군요.
꼬지지직!

✿ 자료를 "파괴적으로" 읽는다는 표현은 판독 행위가 원본을 파괴한다는 의미다. 원본을 그대로 남겨두고 복사본을 만들면 비파괴적으로도 읽을 수 있다. 해석기관은 상당히 많은 부분에서 현대 컴퓨터 구조를 예견했는데, 판독에 있어서도 천공카드를 사용하여 두 방법(파괴적인 방법과 비파괴적인 방법) 중 어느 쪽으로도 할 수 있었다.

자동화된다면, 책 스캐닝이 파괴적으로 이루어질 게 틀림없다. 기계에 넣을 수 있게 책을 조각조각 잘라야만 하기 때문이다. 구글 북스 스캐닝 프로젝트는 손으로 이루어진다. 그래서 가끔씩 잘못 들어온 손가락이 페이지에 찍힌 모습을 볼 수 있다.

자, 제 기어를 분해하고 절 주변머리 없는 사람이라 부르세요.
기계가 제대로 기능하는 것 같군요!
물론이지, 제대로 기능하는 중이야!

절망하지 마세요! 당신의 이야기는 파괴되지 않았어요.
반대로 속세의 형태를 벗고 있는 중이에요! 그들은 초월적 존재가 됐어요!
제발 원고가 영원히 사라지지 않는다고 말해주세요!

그들은 바뀐 거예요.
DATA! 자료로!

물질이라는 고정된 껍질에서
해방되어 순전히 상징적이고
승화된 완전히 새로운 형태로
바꾸어 쓰이게 됐죠!
철할 수도, 색인을 붙일 수도,
변환할 수도, 복제하고, 검색하고,
공유하고, 이리저리 바꾸고,
다른 것과 연결하고,
다시 섞고, 재결합하고,
기록보관소에 보관하고, 분석하고,
부활시킬 수도 있어요!
보세요….

✿ 천공카드 판독기는 실제로는 해석기관 하부에서 발견되지만 포켓 유니버스에서는 러브레이스 부인의 영지에 걸맞은 가장 높은 곳에 위치한다.

순수한 수학 왕국이여! 방대한 양의 추상적인 불변의 진리여,
그 본질적 아름다움과 대칭성, 논리적 완결성이여!
자연계의 위대한 사실을 그 하나만으로도 충분히 표현할 수 있는 언어여!
이제 기관의 능력을 문자 상징으로까지 확장하면 우리는 인간 세상을 완전히 분석할 수 있을지도 몰라요!
다그닥
다그닥
다각
다그닥
다각
다그닥
프쉬이이익!!!

상상해 봐요. …
최종적으로 휘트스톤의 전신과
통합하고 나면 차분기관은 가장 위대한 철학자들의
깊이 있는 생각과 심오한 대화를 전달하고
기록하며 분석하여
영원히 저장하게 될 거예요!

고양이!
천공체에 있었어!

여기 계셨군요!
무사하시죠?
정말 잘됐어요!
이리 돌아와,
나옹아.

와서 보시죠.
정말 잘 진행되는 중입니다!

다각 다그닥
다각 다그닥
다각 다그닥
다각 다그닥
다각 다그닥
다각 다그닥
'조지!'입니다.
지금까지 3분의
1가량이 끝났죠!

이 구성 방식으로, 우리는 작품 속 문자의
빈도나 단어 사용 패턴 같은 모든 종류의 가치 있는
정보들을 추출할 수 있어요.
온갖 종류의
통계 자료를요!
보세요!
저것이
당신 책.

✿ 해석기관의 천공카드는 어떤 의미에서 컴퓨터 언어다. 그들은 스위치를 젖혀서 기관을 직접 통제하는 인간이 쓴 '부호'를 보유하며 이 부호는 복잡한 장치에 의해 '기계의 언어'로 전환된다. 흥미 있는 독자는(몇 명이라도 존재하길 희망한다!) 이 주석에서 언급된 천공카드의 도해와 많은 장치를 부록2에서 찾을 수 있다.

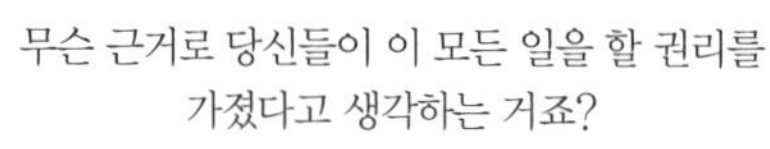
이게 우리가 감사할 수 있는
유일한 차분기관이라고요!
이 끔찍한 물체가 더 있다고 상상해 보세요!
무슨 근거로 당신들이 이 모든 일을 할 권리를
가졌다고 생각하는 거죠?

왜냐하면 우리가
다른 사람들보다
훨씬 더 영리하니까요!
바로 그거죠!

온갖 종류의 인간들을 이해하고 공감하는
제 능력에 자부심을 느껴 왔어요.
하지만 솔직히 당신들과
소통하는 방법은 모르겠네요.
하지만
기다려요!

제게
양식이 있어요!!

"1부터 10으로 만족도를 표시하세요!"
1.0482나 1.0483이 내 감정을
더 잘 포착하나요? 뮤즈, 말하시죠!
소수 자리를 얼마나 허용해도 되나요?
50….
표현의 유효 범위는?
야옹아~!

✿ 자서전에서, 배비지는 문자의 길이와 순서로 엮은 단어 사전을 수십 개나 갖고 있다고 말한다. "백만 개 단어 중 거의 절반이 분류되었다고 믿는다." 그는 자신이 이 모든 일들을 왜 했으며 어떻게 했는지 언급하지 않았다. 다만 이를 두고 차분기관 프로젝트로 사라져버린 정부 지원금 중 일부가 실제로는 군대의 암호 작업을 위한 비밀 예산이었을 거라는 의견이 제기돼왔다. 암호법은 배비지가 컴퓨터 작업에 버금가게 관심을 보인 일이었다. 그는 사이먼 싱이 『코드북』에서 "암호법의 천재성과 직관, 순전한 간계의 혼합체"라고 묘사했던 복잡한 비즈네르 암호를 푼 사람으로 유명하다. 전형적 이유로, 그는 이 솜씨를 인정받지 못했다. 그에 대한 책을 출간하지 못했기 때문이다.

✿ '문자열'은 한정된 길이의 일련의 문자를 구성하는 자료를 의미하는 컴퓨터 과학 용어다.

✿ 토머스 칼라일의 『프랑스 혁명의 역사』 초고가 겪은 가혹한 운명은 지금까지 사람에게 일어났던 가장 우스꽝스럽고도 끔찍한 비극 중 하나다. 현실에서는 찰스 디킨스에게도 찰스 배비지에게도 이 일에 대한 책임이 없다. 범인은 가장 도덕적인 남성인 존 스튜어트 밀이었다. 칼라일이 1835년 3월에 형제에게 쓴 편지를 보면,

3주 전 어느 밤 우리가 차를 마시고 있을 때, 밀의 짧게 문 두드리는 소리가 들렸어. 제인이 그를 맞이하기 위해 일어섰지. 그는 상당히 절망한 모습으로 아무 반응 없이 창백하게 서 있었어. 그리고 헐떡거리며 반쯤 들릴락 말락 하게 말했지. … 숨을 상당히 오랫동안 더 가쁘게 몰아쉰 뒤, 나는 밀에게 그 사실을 들었어. 내 불쌍한 원고가 다 망가진 4장만 제외하고 전부 전멸했다는 것을! 그가 (너무나 부주의하게) 원고를 내버려 둔 거야. 원고는 폐기물로 취급되었어. 내가 기억할 수 있는 한 다섯 달 동안의 고된 노력이 사라진 거나 다름없어. 한 번 내뿜은 담배 연기처럼 사라져버렸어.

배비지!!
어딨어?
배비지?!

ENDNOTES

1 우리 우주에서는 기하급수적으로 증가하는 컴퓨터 조작의 힘과 속도가 무어의 법칙에 명시돼 있다. 무어의 법칙은 인텔의 창시자인 고든 무어가 관찰한 것으로, 회로 하나에 적합한 트랜지스터의 숫자가 2년마다 대략 2배로 늘어난다는 것이다. 이런 이유로 당신이 작년에 구입한 컴퓨터는 다음 달에 새로 출시될 최신 기술로 만든 날렵한 컴퓨터에 비해 지금은 가련할 만큼 크고 느리게 작동한다.

포켓 유니버스에서는 무어의 법칙 대신 브루넬의 법칙이 존재한다. 이 법칙은 컴퓨터(오직 한 대뿐이지만)의 크기가 2년마다 두 배로 증가한다는 것이다. 한 관심 있는 독자가 이 법칙 아래에서는 기관이 오늘날의 태양 크기를 능가하게 될 거라고 계산하여 알려주었다. 이 행성에는 다행한 일이지만, 브루넬의 법칙은 순환하는 시간에서만 적용된다. 여기서는 기관이 포켓 유니버스 형성 당시의 최초 조건, 즉, 없는 상태로 반복해서 되돌아간다. 따라서 찰스 배비지의 머릿속에 있던 특이한 발상의 기원과 런던 크기만큼의 거대한 구조 사이에서 순환이 이루어진다. 어느 쪽이 더 재미있느냐에 따라서.

브루넬의 법칙

새로운 주기가 극단적으로 표현된 차분기관. 유럽 대부분을 점령했다.

무어의 법칙, 실제 크기

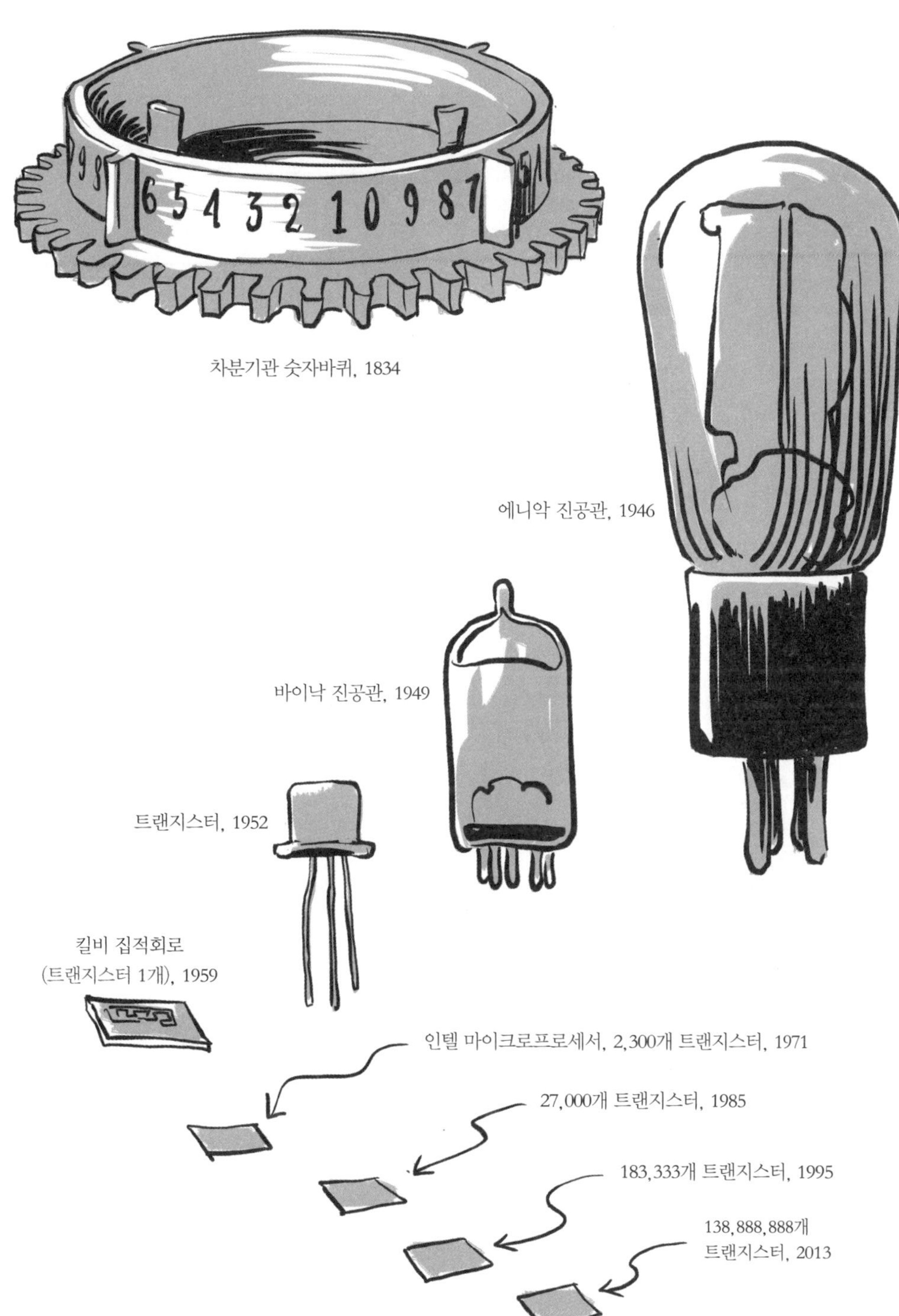

6 5 4 3 2 1 0 9 8 7
차분기관 숫자바퀴, 1834
에니악 진공관, 1946
바이낙 진공관, 1949
트랜지스터, 1952
킬비 집적회로
(트랜지스터 1개), 1959
인텔 마이크로프로세서, 2,300개 트랜지스터, 1971
27,000개 트랜지스터, 1985
183,333개 트랜지스터, 1995
138,888,888개
트랜지스터, 2013

THE NEW PATENT NOVEL WRITER.

To Mr. Punch.

Sir,

I have to apologise for some delay in answering your obliging favour, in which you did me the honour of suggesting to me the manufacture of a Lawyer's Clerk. After much consideration, I regret that I have found it impossible to produce an article which should be satisfactory to myself, and to the profession. I have, however, been completely successful in the production of a New Patent Mechanical Novel Writer—adapted to all styles, and all subjects; pointed, pathetic, historic, silver-fork, and Minerva. I do not hesitate to lay before you a few of the flattering testimonials to its efficacy, which I have already received from those most competent to judge.

I am, sir, your obedient servant,

J. Babbage.

Testimonial from G. P. R. James, Esq., *Author of "Darnley," and of* 300 *other equally celebrated works.*

Sir,—It is with much pleasure I bear testimony to the great usefulness of your New Patent Novel Writer. By its assistance, I am now enabled to complete a novel in 3 vols. 8vo., of the usual size, in the short space of 48 hours; whereas before, at least a fortnight's labour was requisite for that purpose. To give an idea of its application to persons who may be desirous of trying it, I may mention that some days since I

placed my hero and heroine, peasants of Normandy, in the surprising-adventure-department of the engine; set the machinery in motion, and, on letting off the steam a few hours after, found the one a Duke, and the other a Sovereign Princess; they having become so by the most natural and interesting process in the world.

I am, Sir, your truly obliged servant,

J. BABBAGE, Esq. G. P. R. JAMES.

Testimonial from SIR E. L. BULWER LYTTON, BART.

I AM much pleased with MR. BABBAGE's Patent Novel-Writer, which produces capital situations, ornate descriptions, a good tone, sufficiently unexceptionable ties, and a fund of excellent, yet accommodating morality. I have suggested, and have therefore little doubt that MR. BABBAGE will undertake, what appears to me to be still more a desideratum, the manufacture of a Patent Poet on the same plan.

E. L. BULWER LYTTON.

Testimonial from LORD WILLIAM LENNOX, *Author of Waverley.*

LORD W. LENNOX presents his compliments to MR. BABBAGE, and has pleasure in stating that he finds the operation of the Patent Novel-Writer considerably more expeditious than the laborious system of cutting by hand. Lord W. has now nothing more to do than to throw in some dozen of the most popular works of the day, and in a comparatively short space of time draw forth a spick-and-span new and original Novel. Lord W. would suggest the preparation, on a similar plan, of a Patent Thinker, to suggest ideas; in which he finds himself singularly deficient.

2 〈펀치〉는 1844년에 내 만화를 몽땅 도용했다. 나는 그저 러브레이스의 논문이 나온 이듬해에 실린 이 기사가 알고리즘으로 음악을 만들 수 있다는 그녀의 가정에 대한 평이 틀림없다고 추측할 수 있을 뿐이다.

이 기사는 불후의 코미디지만 여기 풍자된 작가들에 관해서는 다소 배후 사정이 있다.

부지런한 G. P. R. 제임스는 책을 100권 넘게 썼다. 예로써 『병사』, 『아쟁쿠르』, 『밀수범』, 『몬터규 경의 시대』를 들 수 있다. 본보기 대사로 "'그 젊은이는 명문가 출신이야, 안 그런가?', 추기경이 생각에 잠겨 물었다"를 인용할 수 있다.

에드워드 불워 리턴은 빅토리아 시대의 소설에서 절대 권력자였다. 그는 문짝에 괴는 버팀쇠로 쓸 만큼 산적한 베스트셀러들뿐만 아니라 최초의 과학 소설 중 하나인 『다가오는 경주』를 썼다. 현재 그는 "폭풍우가 치는 어두운 밤이었다"라는 불후의 진부한 첫 문장을 쓴 사람으로 영원한 명성을 얻었으며, 그의 이름을 따서 '최악의 소설 첫 문장 선발 대회'가 만들어졌다. 그는 러브레이스 부인의 가까운 친구였으며 러브레이스의 손녀인 테니스 선수권 대회 우승자이자 전설적인 말 사육자인 주디스 앤트워스는 그의 손자와 결혼했다.

레녹스 경의 소설은 그가 쓴 여러 권의 회고록보다 훨씬 덜 유명하다. 그의 회고록은 『모험적인 삶과 기질의 모습들』, 『내가 아는 유명인사들』 등 우드하우스(영국 태생의 소설가, 유머 작가—옮긴이)처럼 우스꽝스러운 제목을 갖고 있다.

그들이 "J. 배비지"라고 말한 이유는 모르겠다. 오자일 것이라 짐작한다.

9장

✿

조지 불, 차를 마시러 오다

✿ 조지 불(1815~1864)은 수학자이자 논리학자다.[1]

✿ 불의 논리 체계[2]는 철저히 수학적이며 언어를 방정식으로 환원하는 것이 그 목적이었다. 그 체계는 두 가지 상태, '참과 거짓(혹은 예와 아니오, 또는 1과 0)'과 세 가지 조합, '그리고(AND), 혹은(OR), ~이 아닌(NOT)'만을 허용했다. "들어오지 않으실래요?", "아니요"는 "NOT [들어오다] = 거짓"으로 표현될 수 있다.

러브레이스 부인과
배비지 씨는
잠시 후 내려오실 겁니다.
커피나 차 드시겠습니까?
네.
커피와 차 둘 다
원하시나요?
아뇨.
그러면 커피를
원하시나요?
아뇨!
그러면 차를
원하시나요?
네.
하인이 되라고 사람들은 말했지.
그 일은 사지만 멀쩡하면 된다고.
전혀 생각할 필요가 없다고.
얼마나
넣으시겠어요?

ENDNOTES

1 불은 부끄럽게도 내가 이 만화에서 깜박하고 놀리지 않은 인물이다. 그는 아일랜드, 코크 지방의 다소 알려지지 않은 수학 교수로서, 하녀와 신발 수선공의 아들로 태어나 적당히 자수성가한 기분 좋은 이야기의 주인공이다. 그는 1815년, 러브레이스가 태어나기 한 달 전에 출생했으며 그녀보다 10년 이상 더 살았다. 그는 미분학에서 다소 지루하지만 유용한 일을 했고『사고 법칙의 탐구』라는 방정식으로 빽빽한 중간 크기 책에서 현대 컴퓨터를 가능하게 만든 논리의 기초를 세우기도 했다.

에이다 러브레이스의 가정교사인 오거스터스 드모르간은 2,000년 동안 학생들이 배워온 아리스토텔레스의 언어로 된 명제들을 대체하기 위해 1830~1840년대에 논리를 수학적으로 체계화하려 노력하고 있었다. 불은 이 발상을 받아들여서 강박적일 만큼 극도로 단순화한 형태까지 밀어붙였다. 그는 모든 가능한 논리 조건을 두 가지 상태, 즉 0과 1로 표현되는 참 또는 거짓, 네 혹은 아니오*와 세 가지 관계, 즉 그리고(AND, 곱셈), 혹은(OR, 덧셈), ~이 아닌(NOT, 부정)으로 축소했다. 빅토리아 시대의 독자들에게 이것이 극도로 기이하게 보였을 게 틀림없다는 점을 보여주기 위해 그의 책에서 아래 예시를 인용한다.

---

* 불의 체계는 실제로는 훨씬 더 복잡하다. 그는 0과 1을 극단 값으로 보고 마음이 그 사이에서 가능성을 할당한다고 보았다. 따라서 "나는 차를 원하는가?"라는 질문의 답은 당신이 차를 혐오한다면 0이 되고 차 한 잔을 몹시 원한다면 1이 되지만 대개는 주전자에 물을 끓이러 일어날 가치가 있을까 고민하는 경우처럼 0.54 같은 숫자다. 컴퓨터가 사용하는 불 논리는 오직 순수한 0과 1만을 사용하지만 불 자신의 연구는 대부분 그것 역시 이러한 방식으로 다룬다.

$$t = 0, \quad y = 0, \quad x(1 - z) = 0, \quad z = 0, \quad x = 0;$$

이는 다음과 같이 해석할 수 있다.

신은 상태를 더 악화시키지 않는다.
그는 홀로 변하지 않는다.
만약 그가 변화로 괴로워한다면 다른 존재가 그를 변화시킨 것이다.
그는 다른 존재에 의해 변하지 않는다.
그는 변하지 않는다.

2 만화에서 하인이 던진 세 가지 질문에 대한 불의 대답은 NOT(아뇨, 전 들어가지 않지 않을 거예요)과 OR(예, 저는 [커피나 티]를 원합니다), AND(아뇨, 저는 둘 다 원하지는 않습니다)를 실례를 들어가며 보여준다.

불은 기계를 위해서가 아니라 인간의 마음이 작동하는 방식에 대한 이론을 위해서 논리대수를 개발했다. "연구를 하면서 진실의 다양한 원소를 모으는 작업을 통해 인간 마음의 본성과 구조를 개연성 있게 시사하는 관점을 얻었다." 오늘날 우리는 불의 시대보다 인간의 마음이 어떻게 구성되는지 더 많이 생각하지는 않지만, 불 체계의 철저한 단순함은 기계화에 이상적인 형태였으며 해석기관을 논리로 구동시킨다는 러브레이스의 비전을 실질적으로 가능하게 만들었다. 러브레이스는, 안타깝게도, 1854년『사고 법칙의 탐구』가 출간되기 2년 전에 세상을 떠났다.

배비지는 이 책을 한 부 구한 뒤 책 표지 뒤 여백에 이렇게 적었다. "이 사람은 진짜 사상가다."* 배비지와 불은 1862년에 대영박람회에서 한 번 잠깐 만났다. 배비지는 불에게 러브레이스의 논문을 읽어볼 것을 제안했다. 19세기의 가장 비범한 대화 중 하나일게 틀림없는 이 대화를 한 행인이 아찔하게 슬쩍 들여다보고 있었다. "불이 수학적 과정으로 추론이 이뤄질 수 있다는 사실을 발견했고, 배비지가 수학적 작업을 수행하는 기계를 발명했기 때문에, 이 위대한 두 사람은 사고기계라는 위대한 경이의 구축을 향해 함께 걸음마를 뗀 것처럼 보였다."

러브레이스처럼 오거스터스 드모르간의 제자였던 경제학자, 윌리엄 스탠리 제번스는 이 개념을 맨 처음으로 포착했다. 제번스는 불의 연구를 보고 기계 만드는 일에 사로잡혔고 결국 1860년대에 '로직 피아노'를 완성했다. 이 작은 나무 상자는 라벨이 붙은 널빤지가 부드럽게 움직인다. 사용자는 널빤지와 연결된 건반을 눌러서 명제와 관계를 할당할 수 있다. 제번스가 제시한 로직 피아노는 다음과 같은 부류의 일들을 수행할 수 있다.

* 배비지에 관한 책 중 내가 가장 좋아하는 책인, 덴마크의 컴퓨터 엔지니어 올레 프랑크센이 쓴『배비지 씨의 비밀 : 암호와 APL 프로그래밍 언어 이야기』에서 이 아름답고 소소한 사실을 알게 되었다.

철은 금속이다.
금속은 원소다.

철 = 금속
금속 = 원소

그러므로
철 = 원소

이것은 로직이 전부가 아니라는 점을 당신에게 보여준다.

로직 피아노

불 논리의 진짜 구세주는 불보다 한 세기 뒤에 태어난 클로드 섀넌으로, 전화 교환기를 연구하던 벨 연구소의 공학자였다. 그는 1938년에 쓴 논문『중계와 교환 회로에 대한 상징적 분석』에서 불의 'AND, OR, NOT' 기능을 전기회로로 배치했다. 이것은 최초의 '논리 게이트'(논리 연산을 수행할 수 있는 회로—옮긴이)였다.

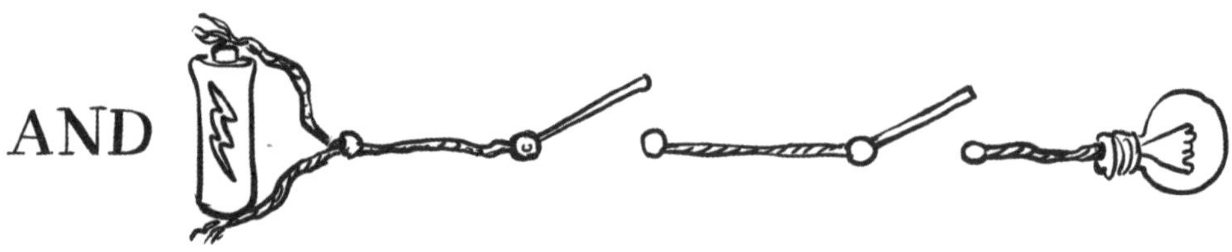

만약 게이트 A와 게이트 B가 닫히면, 전구에 불이 들어온다.

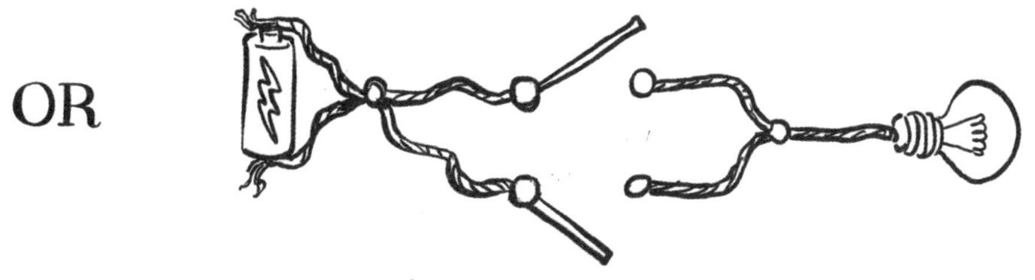

만약 게이트 A나 게이트 B가 닫히면 전구에 불이 들어온다.
(NOT 회로는 그리기가 너무 어렵다. 논문에 그중 하나 역시 실려 있다.)

1940년대에, 실존하는 최초의 컴퓨터를 만들기 위해 전선과 트랜지스터로 이루어진 회로를 진공관 메모리와 연결했다. 그 기계는 가상의 해석기관처럼 아름답지는 않다!

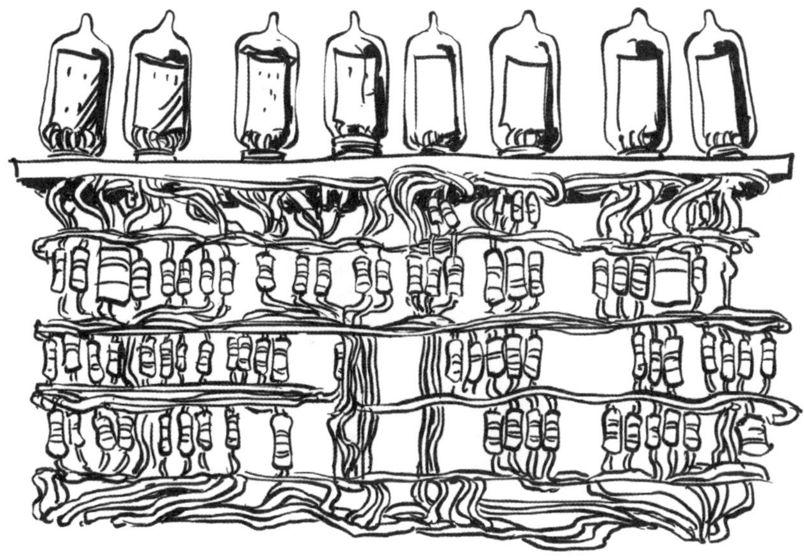

다이오드 논리 게이트를 가진 진공관, 1952

오늘날의 마이크로프로세서*는
이러한 게이트들을
아래 크기 공간에 50억 개 저장할 수 있다.

* 컴퓨터의 중앙처리장치—옮긴이

10장

✿

허수

Fig. 159.

광학 원리, 『학자와 학회를 위한 자연철학 입문 코스』에서,
(윌리엄 G. 펙, A. S. Barnes & Co., New York, 1873)
작가 개인 소장

IMAGINARY QUANTITIES

DANGERS OF POETRY!

MATHEMATICS TRIUMPHANT!

OR; ADA in FAIRY-LAND.

A PHILOSOPHICAL ENTERTAINMENT!

Special appearance of the Distinguished Mathematicians
Sir Wllm. R. HAMILTON & Mr. Ch. Dodgson.

SPLENDID NEW SCENERY!

THE THIRD DIMENSION!

PERFORMANCE TO CONCLUDE WITH THE CUSTOMARY ENDNOTES

✿ 윌리엄 로언 해밀턴(1805~1865)은 아일랜드의 수학자로, 기대치 않게도 4차원 공간을 만들어내는 데 관여하는, 3차원 물체의 회전을 계산하는 방법인 '사원수'에 대한 공식을 비롯하여 수학 분야에서 이룬 여러 발전들로 유명하다. 포켓 유니버스가 2차원 우주라서 해밀턴의 방법은 신비로운 3차원을 수반한다. 이 개그를 그리기 위해, 나는 격분한 수학자로부터 이것이 말도 안 된다는 점을 갖가지로 지적하는 이메일을 받는 일을 자초하고야 말았다.

✿ 러브레이스의 말은 2차원 기하학의 대수에 관한 해밀턴의 이전 연구에 대해 오거스터스 드모르간에게 보낸 편지에서 인용했다. 이 편지는 70쪽에 더 자세히 인용돼 있다.

✿ 러브레이스가 한 말의 출처는 앞 쪽과 같다.

✿ 해밀턴은 어릴 때부터 수학 영재였지만 시인이 되길 진심으로 갈망했다. 그는 자신의 발견을 시와 수학의 화합 덕으로 돌렸다.

시적 작업과 과학적 상상 사이에 희미하지도 동떨어지지도 않은 유사점이 존재한다는 사실에 놀라지 마세요. 밀턴과 뉴턴의 정신은 비슷한 위치에서 인류의 존경과 감사를 받고 있습니다.

✿ 해밀턴을 매우 흠모하는 사람조차도 그와 시가 서로 별개 영역에 존재하는 편이 낫다는 점을 인정해야만 한다. 나는 그의 시에 대해서는 친절하게 입을 다물려 한다.[1] 굉장히 별로이기 때문이다. 해밀턴의 친구인 윌리엄 워즈워스도 나와 의견이 같았는데, 그는 해밀턴에게 "본업을 그만두지 말라"고 멋지게 조언하는 편지를 써 보냈다.

> 자네가 보낸 많은 시를 기쁘게 받았네. … 그러나 우리는 그 일이 자네를 과학의 길에서 꾀어낼까 두렵다네. 감히 자네를 배려해 다시 말하자면, 자네 본성의 시적인 영역은 산문 영역에 대한 본성보다 더 유리한 지점을 발견하기는 어렵겠네. 그 영역이 변변치 않아서라기보다 우아하고도 유익하게 자제할 수 있기 때문이네.

✿ 19세기에 수학 분야에서 옥스퍼드의 명성은 케임브리지에 훨씬 못 미쳤다. 배비지는 물론 케임브리지의 루커스 석좌교수였다.

잠시 뒤.
이것은 굉장히 주의 깊게 통제된 실험임에 틀림없어.
먼저, 수학을 좀 하고….
이제… 시를 아주 조금만 건드리면….
엥… 도해나 방정식이 없는 책이 무슨 쓸모가 있지?
그리고 수학을 좀 더….
이제 시를 아주 조금만 더….

✿ 가상의 수량, 불가능한 수로도 알려진 허수는 19세기 초 수학이 몰두했던 주제다.[2] 해밀턴의 수학적 업적 상당 부분은 허수를 규칙과 방정식으로 묶는 작업을 수반했다.

✿ 배비지는 1841년에 쓴 편지에서 러브레이스가 자신을 그의 '미인'이라고 부른 사실을 놀려댔다. "왜 제 친구는 우리 우정에 있어 허근(방정식의 근이 실수가 아니고 허수인 근—옮긴이)을 선호하는 걸까요?" 러브레이스는 해석기관에 대한 논문에서 이 기관이 허수도 문제없이 다룰 것이라고 확신한다. "우리는 기관이 연산을 지시하고 결합하는 독립적인 방식에 의해 실질적인 결과가 틀림없이 크게 향상될 것이라고 분명히 제시합니다. 이들 조합의 성취에는 허수도 들어감을 넌지시 언급합니다." 또는 다르게 말하면, 컴퓨터는 의미와 무의미를 구분하지 못하며 오직 논리와 비논리만을 구분한다.

✿ 에이다의 말은 상상과 과학에 대한 그녀의 미완성 에세이에서 인용했다. 그녀는 해밀턴과 매우 비슷한 말을 한다. 우리 우주에서 러브레이스는 수학과 시를 섞는 일을 열렬히 지지했다. 그녀는 자신의 수학 연구에 대해 "어마어마한 상상력의 발전. 너무나 그러하므로 연구를 계속하면 나는 머지않아 시인이 될 것이라고 조금도 의심하지 않는다. 이 결과가 이상하게 보일지도 모르지만 내게는 전혀 이상하지 않다"고 믿었다. 그녀는 실제로 시를 몇 편 썼지만 유감스럽게도 그 시들은 해밀턴의 시 만큼이나 형편없었다.

✿ 러브레이스는 많은 빅토리아 시대 사람들처럼, 시 이외에도 정신에 변화를 주는 물질들을 엄청 많이 사용했다. 의사는 그녀에게 선의에서 '조병'에 대해 아편을 처방해 주었고 그 영향에 관해서 다소 이상한 편지를 썼다. 그녀 역시 투병 기간이 끝날 무렵, 효과가 "매우 분명하다"고 표현하며 대마초를 시도했다.

어쩌면 지금 나는 3차원을
이해하기에 적절한
상태인지도 몰라!

평면이 어떻게
다른 축 위로 확장되는지….

그래서 우리는
이 신비로운 다른 세계로
뚫고 들어갈 수 있어….

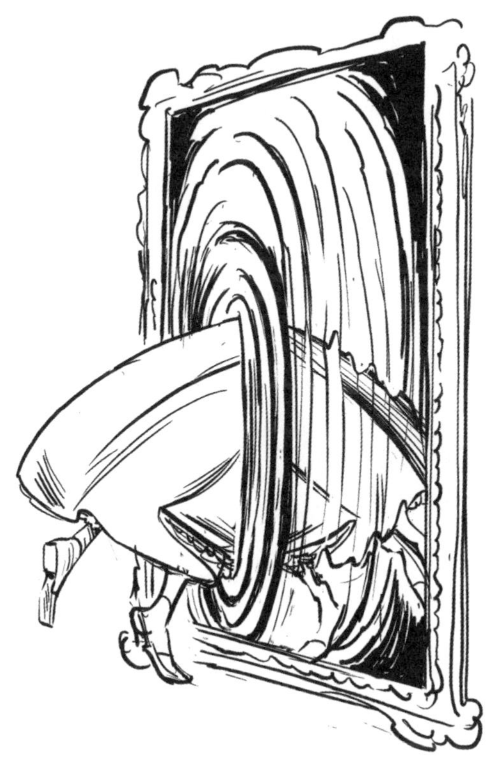

아!

오직 한 축…
이 3차원에서 걸어야만
할 것 같은데….
내가 0점에 이르게 될까?
아니면 무한대로 가게 될까?
내가 그 각각에 어떻게
도착하게 될지 모르겠어….
62i
61i
60i
59i
44i
43i
42i

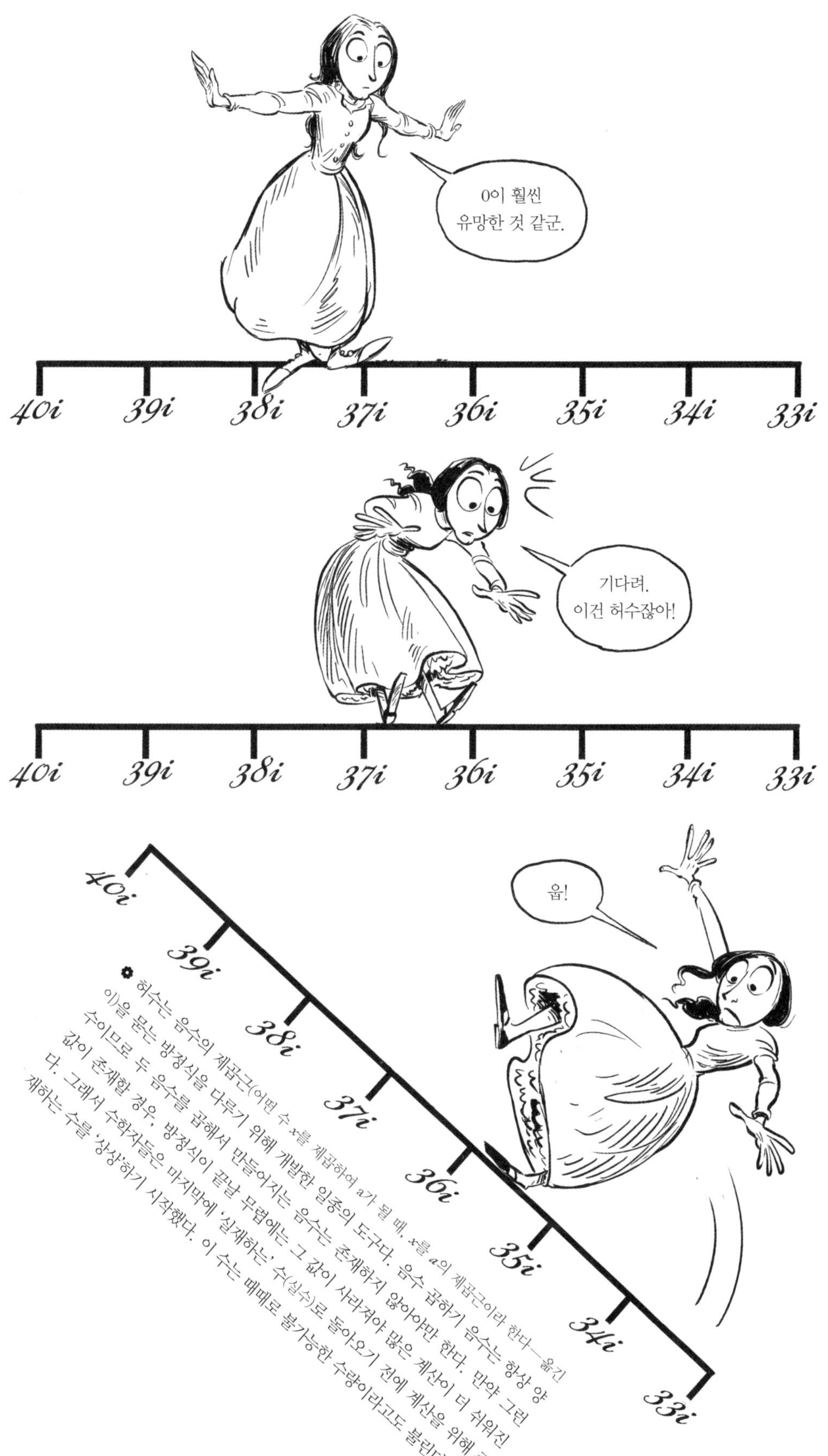

✿ 허수는 음수의 제곱근(어떤 수 x를 제곱하여 a가 될 때, x를 a의 제곱근이라 한다—옮긴이)을 묻는 방정식을 다루기 위해 개발한 일종의 도구다. 음수 곱하기 음수는 항상 양수이므로 두 음수를 곱해서 만들어지는 음수는 존재하지 않아야만 한다. 만약 그런 값이 존재할 경우, 방정식이 끝날 무렵에는 그 값이 사라져야 많은 계산이 더 쉬워진다. 그래서 수학자들은 마지막에 '실재하는' 수(실수)로 돌아오기 전에 계산을 위해 존재하는 수를 '상상'하기 시작했다. 이 수는 때때로 불가능한 수량이라고도 불린다.

✿ 오늘날 거의 모든 사람들은 왼쪽에서 오른쪽으로 커지는 '실수'와 수직인 선 위를 허수가 '위아래로' 움직이고 있다고 배운다. 이 개념은 꽤 늦게 발전한 것으로 1809년에 프랑스의 서적상인 장 로베르 아르강이 제안했다. 그래서 때때로 그 평면을 아르강 평면이라고 부른다.[3]

✿ 복소수에 대한 연구에서 해밀턴은 3차원 허수 공간을 만들어내기 위해 이 체계에 세 번째 축을 더하는 일을 시도했다. 이 공간에서의 회전을 묘사하려고 애쓰다가 그는 우연히 4차원에 발을 들여놓게 되었다.[4]

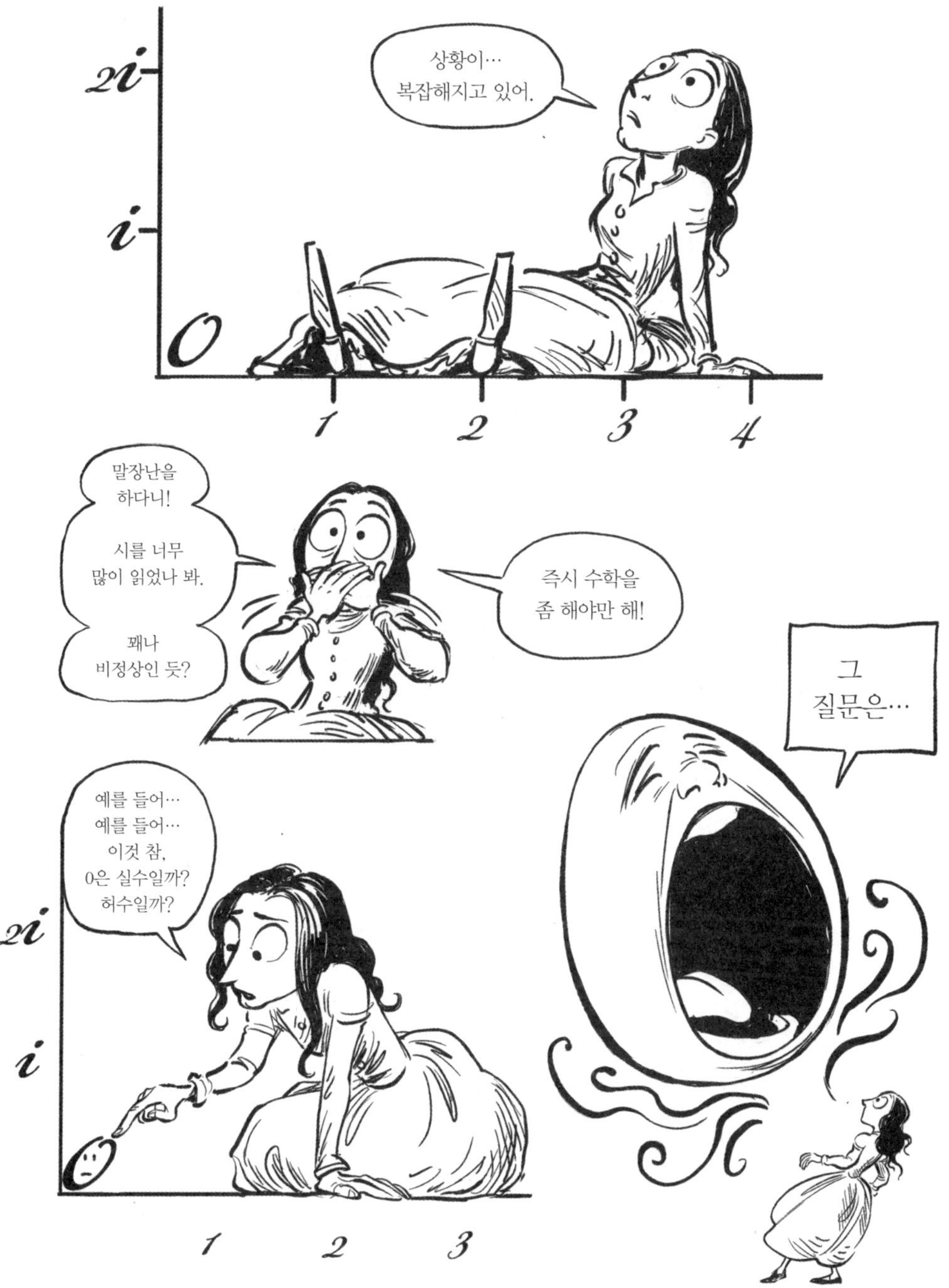

✿ '복소수'는 실수와 허수 부분으로 구성된다. 러브레이스처럼, 그들은 축들 사이의 공간에 놓인다.

✿ 모든 축 위에 놓인 0은 실수이자 허수다. 러브레이스는 0에 매료되었다. 고트프리트 라이프니츠가 그랬듯, 수학 자체를 좋아하는 사람들에게 0은 영혼의 차원을 지녔다. 그가 현재 컴퓨터의 핵심에 놓인 이진수를 상상해내도록 이끈 것도 0이다. "신의 전능으로 무에서 모든 사물을 창조해내는 일, 여기 나타나 있듯이, 0은 수의 원점이라기보다는, 오로지 1과 0 혹은 무만을 사용하는, 그러한 창조에 대한 더 나은 비유라고 혹은 심지어는 실증이라고 말할 수 있다." 또 라이프니츠는 이렇게 말했다. "허수는 존재와 비존재의 중간쯤에 놓인 양서류와 비슷한 것이며, 성스러운 영혼의 놀랍도록 훌륭한 피난처이다."

✿ 이진수 체계에서 러브레이스의 합계는 정확하다.

✿ 0으로 나누는 것은 오류다. '정의되지 않았기' 때문이다. 0으로 나눌 수 없는 이유를 가장 간단히 설명할 수 있는 다른 방법이 있다. 예를 들면, 당신은 다섯 사람에게 파이를 5분의 1조각씩 줄 수 있다. 아니면 천 명에게 파이를 1,000분의 1조각씩 줄 수 있다. 하지만 당신은 파이 0분의 1조각을 한 사람에게, 혹은 백만 명, 아니 무한한 사람들에게 줄 수 있으며 그것도 아니면 아무에게도 주지 않을 수 있다. 어떤 것도 답이 될 수 있기 때문에 아무것도 답이 아니다. '0'에서처럼 아무것도 없는 게 아니다. 무언가 있기 때문이다. … 알다시피, 그렇게 간단하지가 않다.

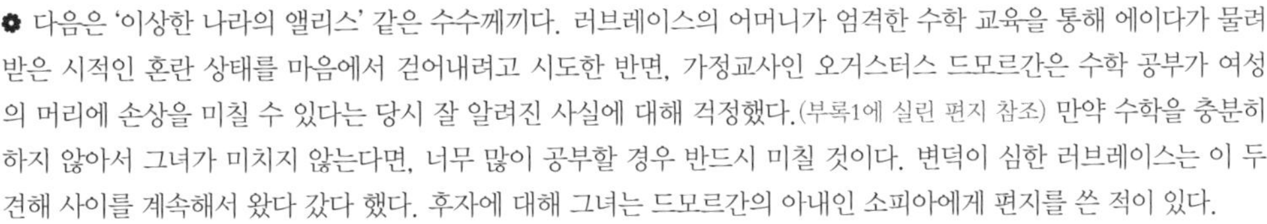

✿ 다음은 '이상한 나라의 앨리스' 같은 수수께끼다. 러브레이스의 어머니가 엄격한 수학 교육을 통해 에이다가 물려받은 시적인 혼란 상태를 마음에서 걷어내려고 시도한 반면, 가정교사인 오거스터스 드모르간은 수학 공부가 여성의 머리에 손상을 미칠 수 있다는 당시 잘 알려진 사실에 대해 걱정했다.(부록1에 실린 편지 참조) 만약 수학을 충분히 하지 않아서 그녀가 미치지 않는다면, 너무 많이 공부할 경우 반드시 미칠 것이다. 변덕이 심한 러브레이스는 이 두 견해 사이를 계속해서 왔다 갔다 했다. 후자에 대해 그녀는 드모르간의 아내인 소피아에게 편지를 쓴 적이 있다.

> 제가 예속된 광기와 변덕은 끝이 없어요. 저에 대한 가장 확고한 유일한 결단이 그것을 통제할 수 있어요. 정신장애는 히드라의 머리에 달린 괴물이죠. 한 형태를 격파하자마자 곧 다른 형태로 튀어나오죠. … 많은 원인들이 과거의 혼란에 기여했어요. 앞으로 저는 그 원인을 피할 거예요. 그중 한 가지 요인은 (그러나 여러 요인 중 하나일 뿐인) 수학을 너무 많이 하는 거예요.

또 다른
에이다야!
잘 들어,
우리 중 한 명만이
진짜야.
그리고 나는 그게
네가 아니라고
생각해!
철퍼덕!!
왜!

✿ 에이다 러브레이스에 대해 조금이라도 읽은 사람은 '최초의 컴퓨터 프로그래머'*라는 그녀의 지위를 맴도는 별표를 점차 인식하게 될 것이다.

* 몇몇 학자들은 이 칭호에 이의를 제기한다.

** 참조: 에이다 러브레이스, 「사기꾼이자 미치광이」, A학자.

** 이 이의에 몇몇 학자가 다시 반박한다.

*** 참조: 「러브레이스 : 편견에 치우친 비방에서 무죄를 입증하다」, B학자.

*** 「당신이 알고 있는 것, 당신은 열렬한 지지자들을 미치게 했다.」**** 참조, C학자.

**** 「여기로 내려와 말하라」***** 참조, D학자

***** 기타 등등.

✿ (에이다 러브레이스에 대해 실제로 들었던 사람들로만 '대중'을 정의하면) 대중이 상상하는 에이다 러브레이스는 엄청나게 천재적인 수학 영재이자 컴퓨터의 공동 개발자다. 이러한 입장의 한 극단에서는 배비지의 공로를 지나치게 축소해버린다. 그들은 그가 실제로 그녀의 발상을 훔쳤으며 가부장적 지배층이 그녀의 기여를 간과했기 때문에 이런 대우가 꽤나 당연하다고 여긴다. 반면 러브레이스가 단지 정치적으로 옳은 페미니스트들을 위한 공허한 상징이라고 주장하는 사람들도 있다. 그들은 스스로를 '폭로 집단'이라고 부르는 경향이 있다. 그들은 배비지가 그녀의 지성에 보인 관심과 우정은 가짜이며, 그는 착각에 빠진 능력 없는 에이다를 의뭉하게 참아내며, 당연한 얘기지만 모든 컴퓨터 프로그램을 포함하여 근본적으로는 자신이 쓴 논문을 위해 그녀의 명성을 이용했다고 주장한다. 배비지를 연구하는 한 학자가 통명스럽게 말했듯이, "에이다가 '주석'에 기여한 게 있다면 정신이상자였고 골칫거리였다는 사실뿐"이라는 것이다. 초인 러브레이스와 반反 러브레이스라는 이 경쟁적인 두 밑그림은 모두 편지와 논문, 동시대인의 묘사 등을 애매하게 마구 뒤섞은 토대 위에 구축되었다. 그러나 이 자료들은 수학적으로 정확한 역사적 지식과는 거리가 멀다. 각주를 통해 무슨 생각을 갖고 있는지를 알아낼 방법은 거의 없다! 하나의 각주로서 나는 여기서 임의의 상징이 19세기 초반 수학에서 뜨거운 논쟁 주제였다는 사실을 목격한다.[5]

* 누구, 나?
음….
글쎄, 객관적 시각을 발견하기란 어려워, 또는 아마도 불가능해.

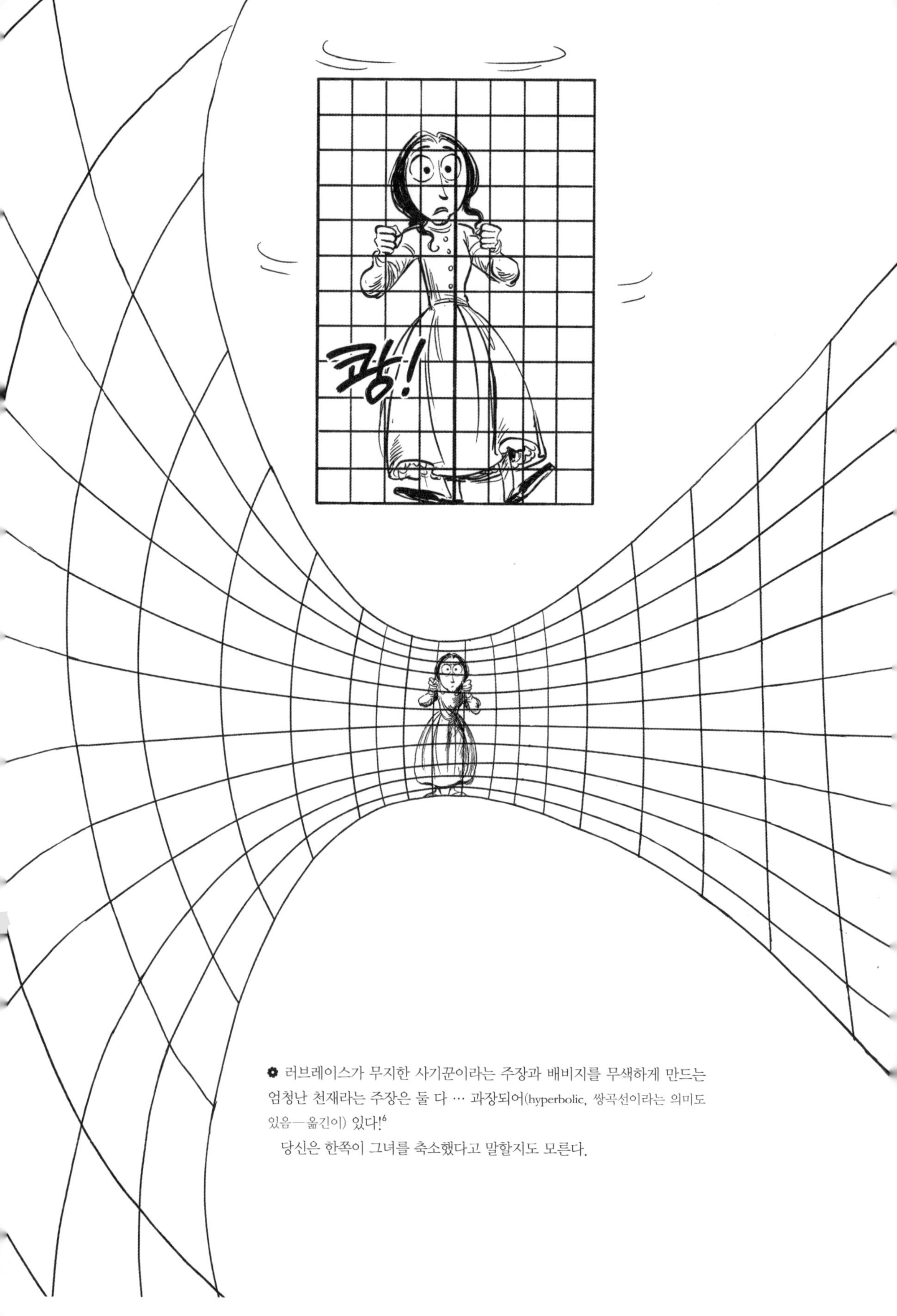

✿ 러브레이스가 무지한 사기꾼이라는 주장과 배비지를 무색하게 만드는 엄청난 천재라는 주장은 둘 다 … 과장되어(hyperbolic, 쌍곡선이라는 의미도 있음—옮긴이) 있다![6]

당신은 한쪽이 그녀를 축소했다고 말할지도 모른다.

✿ 다른 한쪽은 그녀를 확대했다.

✿ 이상한 나라의 법정에서 규칙 제42항은 하트 왕이 이 책에서 가장 오래되었다고 선포한 규칙이지만, 앨리스는 그러면 그것이 1항이어야만 한다고 반박한다.

✿ 당신은 지금 각주의 객관적 권위로 에이다 러브레이스에 관한 주요 진실을 밝혀주길 기대할지도 모른다. 하지만 나는 수학자가 아니고 심지어 학자도 아니다. 내가 각주일지라도 말이다! 변변찮은 주석이(심지어 더 변변찮은 만화가라도) 이 싸움에 뛰어드는 일은 이를테면, 분수를 모르는 일인 듯싶다. 한편으로 내가 보기에 배비지와 러브레이스가 주고받은 편지들은, 때로 옥신각신 다투고 종종 기이하긴 하지만 진심으로 다정하고 공손하다. 주석을 쓰는 동안 주고받은 서신들은 특히 러브레이스가 상당히 많은 중대한 수학적 작업을 하고 있다는 사실을 명확히 보여주는 듯하며, 배비지는 차례차례 그것을 인정하고 있다. 다른 한편에서는 나보다 훨씬 더 영리하고 분명 훨씬 더 수학적인 학

자들이 그녀에 대한 부정적 주장을 설득력 있게 늘어놓는다. 그리고 나는 에이다가 자신의 편지에서 비약적 과장과 망상을 보이며, 그녀를 모욕하려는 사람들에게 신나게 빌미를 제공하고 있음을 인정할 수밖에 없다. 증거는 분명 애매모호하다. 의견을 형성하는 일은 틀림이 없는 수학적 증명을 말끔하게 따라가는 일보다는 흩뿌려진 별들에서 패턴을 찾아내는 일과 더 비슷하다. 일단 에이다를 사기꾼으로 보는 의견을 접하고 나면 그렇게 보지 않기가 매우 어렵다. 시각적 착각 속에서는 토끼가 오리로 바뀌어 보이는 것처럼, 최악의 경우에는, 명석하지만 문제가 많은 에이다를 배비지가 조롱하며 기만하고 있는 도구로 바꿔서 볼 수도 있다.

✿ 누군가 우리를 구하러 온다면 좋을 텐데!

✿ 누구일까?

✿ 어, 찰스 배비지, 당신이었군요!

✿ 에이다를 좋아하지 않는 입장은, 간략히 말해, 배비지는 결코 러브레이스의 진정한 친구가 아니었으며 그녀를 좋은 수학자로 생각하지 않았고 기관에 대한 주석은 근본적으로 그가 썼음에 틀림없다고 주장한다. 따라서 당신은 내가 단박에 이러한 주장을 모조리 반박하는 문서를 마주쳤을 때 얼마나 기뻤을지 상상할 수 있을 터다. 현존하지 않는 무명의 저널에 인쇄된 사적인 편지에서 이 문서를 발견한 모험담을 덧붙이면(비록 미안하게도 허물어지는 성의 먼지투성이 서고에서 찾은 것은 아니었지만. 나는 내 컴퓨터로 편안하게, 구글북스에서 교묘한 검색 용어를 사용하여 이 문서를 발견했다) 이 일이 한층 더 빛날 것이다. 이 저널은 볼티모어의 단명한 정기간행물인 〈서던 리뷰〉의 1867년 편집판이다. 그 문서는 1854년에 헨리 호프 리드가 쓴 편지로 그는 에이다가 죽은 지 2년여 뒤 배비지가 방문한 일화를 이야기한다.

그가 나가려고 일어선 뒤, 대화 중 우연히 고인이 된 러브레이스 부인(바이런 경의 딸 '에이다')의 이름이 언급되었습니다. 두 사람은 가까운 사이였는데, 그는 그녀의 수학적 능력과 (제 생각에) 그의 계산기와 관련된 설명을 작성하는 특별한 능력은 자신이 알던 어느 누구보다 더 뛰어나다고 극구 칭찬했습니다.(그가 언급한 주제의 정확한 속성을 제가 여기서 제대로 표현했는지 걱정됩니다.) 그는 그녀가 전혀 시적이 아니라고 묘사했지만 그녀의 비참한 삶(그가 비극이라고 말했던)에 대한 기억이 순간 그를 슬프게 한 듯 보였습니다. 그가 그 일을 마음에 떠올리면서 낮은 톤의 목소리로 너무나 가라앉은 태도로 말해서, 저는 그의 말을 들으며 서 있는 동안 그가 한 시간 전 이 방에 들어서서 신경질적으로 행동하던 신사와 같은 사람이라고는 거의 생각할 수 없을 정도였습니다. 그의 말과 태도에 너무나 많은 감정이 실려 있어서, 저는 그가 말하는 삶의 불행과 비극적 결말이 정확히 어떤 것인지 그에게 자유롭게 물을 수 없었습니다.

(러브레이스는 많은 불행을 겪었지만 배비지가 말하는 바는 그녀가 암으로 천천히 죽어가며 겪은 고통에 대한 것이었다고 나는 꽤 확신한다.)

배비지는 결점이 있는 사람이나, 그에게 축복을 빈다. 그의 성격에 있어 한 가지 분명한 점은 그가 문자 그대로 위선적일 수 없는 사람이라는 것이다. 나는 이 편지를 발견한 이후, 학자들과 관계를 끊었다. 찰스 배비지 스스로 에이다 러브레이스는 자신의 소중한 친구였고 그의 계산기와 관련해 이해하기 힘든 수학적인 어떤 일을 준비하는 데 특별한 능력을 보인 마법에 걸린 수학 요정이었다고 말한다면, 나는 그의 말을 곧이곧대로 믿을 준비가 되어 있다.

어쨌든, 배비지도 러브레이스도 실제로는 컴퓨터를 발명하지도 그것을 프로그램하지도 않았다고 말하는 편이 낫다. 해석기관은 결코 만들어지지 않았고 우리 주인공들은 결국 역사에서 그저 각주에 지나지 않을 뿐이다.

✿ 배비지는, 앞서 보았듯이, 항상 교황파의 기사 작위 제안을 거절했다.

✿ 〈애서니엄〉에 실린, 배비지의 자서전에 대한 상당히 흥미로운 익명의 견해는 그에게 상냥한 백기사 같은 성격을 부여한다. "배비지 씨는 관대하고 선량한 자질을 모두 갖고 있지만 끊임없이 스스로 굴러 떨어진다."

굉장히
조용해….
기관 이쪽
세계에서는
소음이
전혀 나질 않아!

아직 또 다른 에이다가 있네.
이 기관 설계도는 아주 구식이야! 내 논리함수는 모두 어디 있지? 저장장치의 실평은?
우리가 3차원에서 게으름뱅이들에게 충격을 주고 있는 것 같아. … 뭘 해야만 하지?
확실히 3차원은 2차원보다 지루할 수 없겠는걸?
그리고 너… 졸다니, 할 일이 엄청나게 많다고!
이봐!

똑똑!
똑! 똑똑
가상의 수량이 확실하군….
똑! 똑!

네??

아….

저, 저는 배, 배, 배비지 씨의
계산기 중 일부를
얻을 수 있는지 무,
물으러 왔습니다.

✿ 찰스 도지슨[7]은 심하게 말을 더듬었다.

해석기관은 없을 겁니다!
배비지는 그 빌어먹을 물건을
결코 완성하지 못할 거라고요!
지금 우리는 그저 웃음거리에
지나지 않아요.
여러 해 동안의 노고로 딱 한 저널에
이론적 내용을 발표한 게 전부예요.
작동하는 기계장치는
흔적조차 없다고요!
에이다!

이리와요, 에이다,
가서 좀 쉬어요.
아마도 당신,
시를 너무 많이 읽은 것 같소!

저기, 음,
다음에 다시 와 주시오!
무, 물론이죠!

쾅!

그녀가 미친 건가?
아니면 내가?
더 중요한 것은….

ENDNOTES

1 나는 마음을 바꿨다. 다음은 엄숙한 수학의 길을 밟기 위해 시에 이별을 고하는 해밀턴의 송시다.

> 아름다움의 정신이여! 비록 내 삶이 지금은
> 당신의 자매, 진리에 굳은 맹세로 묶여 있지만
> 비록 내가 당신의 신성한 언덕을 떠나는 것처럼 보일지라도
> 여전히 당신은 제 마음속에 영향을 미치고 계십니다.
> 희망을 끊임없이 불어넣으며,
> 결코 사그라들지 않는 욕망으로,
> 당신과 함께 깃들어 있는 곳,
> 집과 고향의 영광을 보기 위해,
> 신의 왕좌 곁에서!

그는 위대한 수학자였다!

2 수학의 역사를 들여다보면 새로운 발상이 충분히 이해받는 데 얼마나 오랜 시간이 걸리는지에 정말로 놀라게 된다. 허수는 16세기에 발명*되었지만 1820~1830년대에도 허수가 정말 수학인지 아닌지를 두고 여전히 격렬한 논쟁이 벌어졌다.

---

* 혹은 발견했다. 수학이 발명되는 것인가 아니면 발견되는 것인가는 여전히 진행 중인 철학적 논쟁이다. 플라톤 학파의 수학자들은 수학이 어딘가 '그곳에 있다'고 생각했으며 따라서 발견했다. 플라톤 학파를 좋아하지 않는 수학자들은 수학은 인간의 도구이며 따라서 발명된다고 생각했다.

3 사실, 카스파르 베셀이 1799년에 복소평면을 제안하는 논문을 발표했지만 아무도 주목하지 않았다. 노르웨이어로 쓰였기 때문이다. 그 뒤 이 미주에서 하나의 주제가 될 만한 인물인 카를 프리드리히 가우스가 자신의 개인 노트에서 복소평면을 계산했지만, 오직 그만이 아는 이유로 발표하지 않았다. 아르강은 이 개념을 통용어인 프랑스어로 발표할 만큼 충분히 영리했다. 그래서 그가 우선권을 얻었다.

4 허수처럼, 해밀턴은 자신의 회전 문제를 상식적 직관에서 탈피하여 수학 스스로의 논리를 따르게 허용함으로써 해결했다. 당신이 상상하는 대로, 여기에는 여러 복잡한 수학이 수반되지만 그것을 이해하는 한 가지 방법은 실제보다 조금 더 불가사의하게 들리는 4차원 영역을 상상하는 것이다.

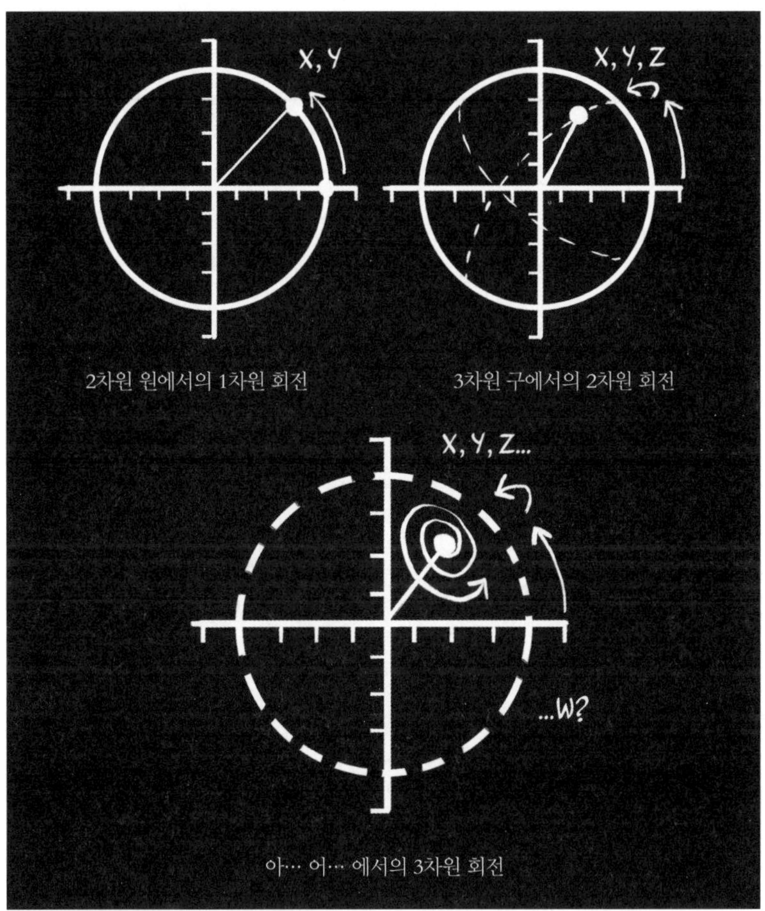

2차원 원에서의 1차원 회전

3차원 구에서의 2차원 회전

아… 어… 에서의 3차원 회전

해밀턴은 1843년*에 이것을 발견했다. 그는 이를 생각해냈을 때 너무 흥분한 나머지 자신이 마침 건너고 있던 더블린의 브로엄 교(오늘날 브룸 교)에 이 방정식을 새겼다고 한다. 이곳에는 아직도 명판이 붙어 있다.

해밀턴은 수학 논문에조차 시를 실어가면서 자기 방정식의 4차원을 시간과 연관 지었다.(그러나 수학적으로는 4차원이 의미하는 바가 무엇인지 반드시 알 필요는 없다)

---

* 가우스는 1819년에 단독으로 사원수를 발견했지만 어떤 이유에선지 발표하지 않았다. 아마도 19세기 초의 모든 수학적 발견들에 '가우스'라는 꼬리표가 붙길 원치 않았기 때문이리라.

시간은 오직 1차원만을 가지며 공간은 3차원을 가진다고들 한다. … 수학적 사원수는 이 요소 둘을 함께 취한다. 기술적 용어로는 '시간 더하기 공간' 혹은 '공간 더하기 시간'이라고 말할 수 있다. 그리고 이러한 의미에서 그것은 4차원을 가진다. 혹은 적어도 4차원과의 관련성을 수반한다. 그리고

시간 하나, 공간 셋

이 일련의 상징들에서 힘은 어떻게 둘러싸고 있을까.

그런데 사원수는 배비지의 격언에 대한 매우 훌륭한 사례다.

수리과학에서는, 다른 모든 분야에서보다 더, 한 시기에는 굉장히 추상적이고 상당히 쓸모없어 보이는 진리가 다음 시기에는 심오한 물리적 탐구의 기초가 되기도 합니다. 계속해서 적절히 단순화하고 표로 축소하면, 그것은 예술가와 선원들이 쉽게 이용할 수 있는 일상적 도움을 제공합니다.

해밀턴이 어렵사리 이끌어낸 당시 사원수는 대부분 난해한 수수께끼였지만, 몇십 년 후 제임스 맥스웰은 전기장을 묘사하는 데 이를 사용했다. 오늘날 해밀턴은 자신의 허수가 컴퓨터 프로그램으로 적절히 단순화되고 축소되어 상상의 괴물을 회전하는 데 사용되는 모습을 보고 놀랄 것이다. 이 프로그램들은 3차원 소프트웨어에 필수적 구성 요소다.

사원수는 더 높은 차원에 대한, 지금은 흔하지만 여전히 굉장히 어려운 개념을 기하학에 도입했다. 『앨리스의 대수학 모험: 이상한 나라가 풀리다』New Scientist, 2009에서 멜러니 베일리는 '엉망진창 파티Mad Tea Party'가 사원수에 대한 도지슨의 농담이라고 제안했다. 3개의 좌표(모자장수, 산쥐, 3월의 토끼)는 탁자 주위를 빙글빙글 돌지만 시간과 다투고 있기 때문에 그 자리에서 벗어날 수 없다.

5 '기호대수'를 둘러싼 논쟁은 방정식의 변수들이 어쨌든 숫자를 포함할 필요가 있는가, 혹은 수학을 사실상 러브레이스가 "관계의 과학"(관계를 보다 일반적으로 표현하는 방식)이라고 부른 바로 여길 수 있는가를 중심으로 돌아갔다. 러브레이스의 스승인 오거스터스 드모르간은 이 움직임의 선두에서 이렇게 썼다. "처음에는 우리에게 기호 같은 것들이 마법에 걸려 세상에서 그 의미를 찾으며 쏘다니는 것처럼 보였다."

기호 대수학은 『이상한 나라의 앨리스』에서 풍자의 원천으로서의 가능성을 확인한다. 헬레나 피시오는 『수학과 유머의 교차로에서: 루이스 캐럴의 '이상한 나라의 앨리스'와 기호대수』에서 "『이상한 나라의 앨리스』는 적어도 부분적으로는 수학자가 상징적 접근을 받아들이는 데 따르는 확실성의 상실에 대한 도지슨의 걱정의 표출이다"라고 썼다. 확실히 『이상한 나라의 앨리스』에 등장하는 많은 농담은 수학 규칙을 언어에 적용하여 벌어지는 우스꽝스러운 상황 위주다.

"그 애는 뺄셈을 못해요." 하얀 여왕이 말했다.

"나눗셈은 할 줄 아니? 빵 한 덩이를 칼로 나눠 봐. … 뭐가 되지?"

"제 생각에는…." 앨리스가 말을 시작했지만 붉은 여왕이 대신 대답했다.

"당연히 버터 바른 빵이 되지. 뺄셈을 또 해보자. 개한테서 뼈다귀를 뺏으면, 뭐가 남을까?"

앨리스는 곰곰이 생각했다. "물론, 뼈다귀는 남아 있지 않을 거예요. 제가 가져갔으니

까요. … 그리고 개도 남아 있지 않을 거예요. 저를 물려고 달려들 테니까요. 그러면… 저도 분명 없을 거예요!"

"그러니까 너는 아무것도 남지 않을 거라고 생각하는구나." 붉은 여왕이 말했다.

"그게 답인 것 같아요."

"또 틀렸다." 붉은 여왕이 말했다. "개의 성질이 남아 있을 거야."

"하지만 제가 그걸 어떻게 알죠."

"자, 이것 봐!" 붉은 여왕이 소리쳤다. "개는 성질을 부릴 거야, 그렇지?"

"그렇겠죠." 앨리스가 조심스럽게 대답했다.

"그러면 개가 가버린다고 해도 그 성질은 남아 있을 거 아냐!" 붉은 여왕이 의기양양하게 외쳤다.

앨리스는 할 수 있는 한 근엄하게 말했다. "성질이 다른 길로 갈지도 모르죠."

하지만 그녀는 혼자서 이렇게 생각하지 않을 수 없었다. "우리가 지금 말하고 있는 게 얼마나 끔찍한 허튼소린지!"

불이 1854년에 출판한 『사고 법칙의 탐구』에서 인용한 아래 내용을 비교하자. 여기서 불은 돈으로 행복을 살 수 없음을 입증한다.(아니면 행복이 아닌 어떤 것. 나는 그가 시간은 돈임을 증명했음을 헛되이 검색했다.)

다음은 수십 쪽에 이르는 복잡한 증명이 정점에 이르는 부분이다. 당신이 한번 시도해 보고 싶다면, 각 기호는 다음 뜻이다.

w = 부

t = 이동 가능한 것들

s = 공급이 제한된 것

p = 기쁨을 야기하는 것

r = 고통을 막는 것

Hence,

$$z = \frac{w(1-s)}{2wsr - ws - sr}$$

$$= \frac{0}{0}wsr + 0\,ws(1-r) + \frac{1}{0}w(1-s)r + \frac{1}{0}w(1-s)(1-r),$$

$$+ 0(1-w)sr + \frac{0}{0}(1-w)s(1-r) + \frac{0}{0}(1-w)(1-s)r$$

$$+ \frac{0}{0}(1-w)(1-s)(1-r).$$

Or,

$$z = \frac{0}{0}wsr + \frac{0}{0}(1-w)s(1-r) + \frac{0}{0}(1-w)(1-s),$$

with

$$w(1-s) = 0.$$

Hence, *Things transferable and not productive of pleasure are either wealth (limited in supply and preventive of pain); or things which are not wealth, but limited in supply and not preventive of pain; or things which are not wealth, and are unlimited in supply.*

수요 공급 경제학과 공리주의 철학의 일반적 계산의 조합은 항상 극도로 빅토리아 시대적이다.

대수는 엄격히 수치적이어야 한다고 주장한 사람은 윌리엄 해밀턴 경이었다. 혼란스럽지만 그는 지금까지 언급한 윌리엄 로언 해밀턴 경과는 다른 사람이다. 역설적이게도 그는 기하학의 특정 진리를 새로운 대수학의 공허한 언어 게임과 대비하기 위해 아래 예를 선택했다.

왜냐하면 기하학의 원리하고 잘 지내지 못하듯 대수학의 원리와도 잘 지내지 못하기 때문이다. 공평하고 지적인 사람은 유클리드가 2,000년 전 『원론』에서 제시했던 평행선의 주요 특성이 진리임을 의심할 수 없다. 비록 그가 더 명확하고 개선된 접근을 기대했을지라도 말이다.

그가 이 글을 썼을 때조차, 평행선의 특성들은 현저히 흔들리는 상태였다.

6 쌍곡선, 혹은 비유클리드 기하학은 내각의 합이 180도보다 적은 삼각형을 허락하는 규칙 체계다. 실제적으로 말하면, 안쪽으로 구부러진 공간상의 기하학을 의미한다.(반대쪽으로 구부러진 공간상에서는 내각의 합이 180도 이상인 삼각형이 존재한다. 이를 타원기하학이라고 한다.) 그러려면, 당신은 평행선을 없애야만 하며 따라서 기원전 300년경부터 반론 없이 기하학을 통치해왔던 유클리드와도 멀어져야 한다. 유클리드는 모든 기하학이 5가지 규칙에서 구축될 수 있다고 선포했다. 이 규칙 중 다섯 번째인 평행선 공리는 항상 혼자만 겉돌았다. 유클리드가 고통스러운 태도로 평행선 공리에 대해 말했을 때, 그것은 유클리드 자신도 괴롭혔던 듯하다. "만약 한 평면 위의 한 선분이 같은 평면 위의 두 직선과 교차하여 형성되는 같은 측면의 두 내각의 합이 180도보다 작으면, 그 두 직선을 무한히 확장할 경우 그 쪽에서 만난다."

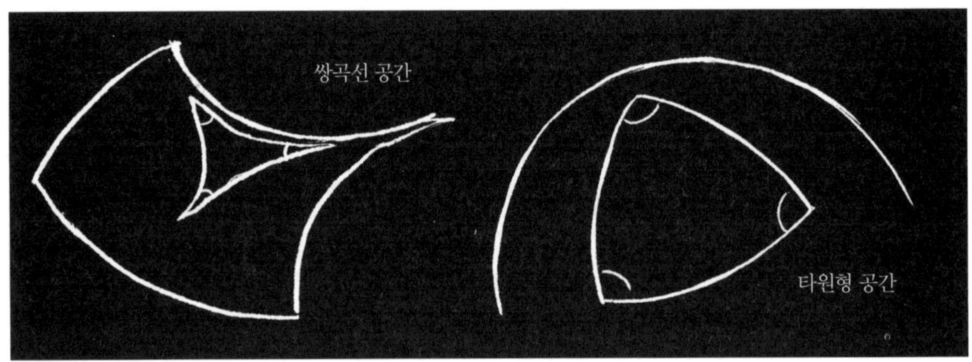

헝가리의 젊은 야노시 보여이는 유클리드의 다섯 번째 공리에 "시간을 낭비하지 말라"는 아버지의 지시를 받았다. 십 대에게 내리는 지시는 즉시 정확히 반대 방향을 향한다는 점을 증명이라도 하듯, 야노시는 이후 수년 간 이 공리에 헌신했고 마침내 가장 깔끔한 해결책은 다섯 번째 공리를 완전히 폐지하는 것임을 발견하며, 쌍곡기하학 혹은 비유클리드 기하학의 싹을 틔웠다.*

도지슨은 다섯 번째 공리에 엄청난 시간을 헌신하며 그것을 새롭게 증명하려고 노력

* 러시아의 로바첸스키는 비슷한 시기 같은 내용을 발표했고 그래서 이 기하학은 보여이-로바쳅스키 기하학이라고도 알려져 있다. 가우스 역시 (당연하게도) 다소 더 일찍 이 사실을 발견했지만 비밀에 부쳤다. 유클리드를 정말로 좋아하는 사람들을 불편하게 만들고 싶지 않았기 때문이었다. 그러나 사실 그들은 모두 1733년에 이미 예수회 수사인 조반니 사케리가 유클리드를 깨트렸다고 보았다. 그는 자신이 그렇게 했다는 사실을 알면 아마도 매우 짜증을 냈을 것이다. 『모든 오류를 면제 받은 유클리드』라는 잘 알려지지 않은 책에서 그는 평행선 공리가 틀렸음을 얼마나 우스꽝스럽게 입증할 수 있는지 보여주는 예로, 내각의 합이 180도보다 크거나 작은 왜곡된 삼각형이라는 발상을 제공했다.

했다. 그는 도저히 유클리드를 버릴 수 없었고 비유클리드 기하학의 존재를 점잖게 무시하는 것처럼 보였다. 심지어 그는 유클리드를 변호하며(『유클리드와 그 경쟁자』) 비유클리드 기하학을 전혀 다루지 않고 일반적인 유클리드 기하학을 다르게 가르치는 방법을 택했다. 수학자로서 그는 유클리드의 엄격한 평행선 안에 예의 바르게 머물면서 앨리스 혼자서 공간의 불안스런 수축과 팽창에 대처하게 만들었다.

『이상한 나라의 앨리스』에서 가장 늘어나고 줄어드는 부분은 쐐기벌레를 마주쳤을 때다.

> 일이 분이 지나자, 쐐기벌레는 입에서 물담뱃대를 빼내고 한두 번 하품을 한 뒤 몸을 흔들었다. 그러고 나서 버섯에서 내려와 풀밭 속으로 기어들어가며 단지 이렇게 말했다. "한쪽은 너를 크게 만들고, 다른 한쪽은 너를 작게 만들지."
>
> "뭐의 한쪽이 그렇다는 거야? 또 뭐의 다른 쪽이?" 앨리스는 혼자 생각했다.
>
> "버섯이 그렇다고." 마치 앨리스가 크게 묻기라도 한 듯, 쐐기벌레가 대답했다. 그러고는 잠시 후 시야에서 완전히 사라졌다.
>
> 앨리스는 잠시 동안 생각에 잠겨 버섯을 살펴보며 버섯의 양쪽이 어딘지 알아내려고 노력했다. 하지만 버섯은 완벽한 원형이어서 양쪽을 구분하기가 매우 어려웠다.

당신은 버섯의 "양쪽"이 실제로는 왼쪽과 오른쪽이 아니라 위와 아래쪽이라고 주장할 수 있다. 버섯의 아래쪽은 안쪽으로 구부러진 쌍곡선 공간이고 위쪽은 바깥쪽으로 구부러진 타원형 공간이다.

7 나는 루이스 캐럴이 찰스 도지슨의 또 다른 자아로서(혹은 그 반대) 1867년에 찰스 배비지를 정말로 방문했다고 보고할 수 있어서 굉장히 기쁘다. 배비지는 76세였고 도지슨은 35세로 옥스퍼드의 수학 강사이자 인기 있는, 기이한 작은 책『이상한 나라의 앨리스』의 저자였다. 이 책은 1865년에 출간됐지만 배비지가 그 책을 읽었는지 아닌지는 알 길이 없다. 도지슨의 감질 나는 짧은 일기는 이렇게 시작된다.

> 그 뒤 배비지 씨를 방문했다. 그의 계산기 일부분을 얻을 수 있는지 묻기 위해서였다. 나는 계산기를 얻을 수 없음을 알았다. 그는 아주 친절하게 응대했고 우리는 45분 정도 매우 유쾌한 시간을 보냈다. 그동안 그는 내게 작업장을 두루 안내해주었다.

도지슨이 자기 자신과 사소한 농담을 주고받았든 잘못된 우주에서 정말로 헤매고 있었든지 간에, 배비지 씨의 계산기에서 가장 유명한 사실은 물론, 그것이 존재하지 않았다는 점이다. 도지슨과 배비지 씨가 더 오래 알고 지내지 않았다니 얼마나 안타까운 일인지!

그가 러브레이스를 결코 만나지 못했다는 사실은 이보다 훨씬 더 안타깝다. 그녀가 사망했을 때 그는 20세 정도였다. 그들에게는 관심사가 같은 사람의 특징이 있었다. 적어도 내게는 그렇게 보인다. 러브레이스와 도지슨은 둘 다 신생 분야인 기호논리학과 유클리드를 굉장히 좋아했다.(젊었을 때 러브레이스는 유클리드에 대해 상당히 앨리스 같은 말을 했다. "그것은 굉장히 멋진 작은 정리예요. 매우 말끔히 잘 정돈돼 있지요! 여러 부분들이 아주 멋지게 딱 들어맞아요!") 최소한 그들의 '의견'은 매우 비슷하게 들린다. 예를 들면, 다음은 러브레이스가 허물없는 가정교사였던 오거스터스 드모르간에게 보낸 편지다.

저는 한때 읽은 적 있는, 지금은 어떤 형태로 곁에 있지만 다음 순간에는 굉장히 다른 모습으로 존재하는 특정한 요정이나 영혼이 생각납니다. 때때로 수학의 요정과 영혼은 극도로 믿을 수 없고, 골칫거리에, 애를 태웁니다. 제가 소설 작품들에서 발견했던 부류들처럼 말이죠.

그리고 도지슨은 증거를 발견하려고 노력하면서

잠들지 못한 많은 밤에 장난꾸러기 요정 '퍽'처럼, 그것은 저를 '이리저리, 왔다갔다' 이끌었지요. 하지만 항상, 내가 그랬다고 생각했던 것처럼, 어떤 뜻밖의 오류가 반드시 제게 실수를 저지르도록 만듭니다. 교묘하고 복잡한 요정은 '호호호 웃으며 펄쩍 뛸' 것입니다!

19세기에 수학은 4차원 영역, 서로 만나는 평행선들, 공허한 기호들로 이루어진 의미 없는 대수학을 포함하며 점점 더 추상적으로 변하고 현실 묘사에서 이탈하기 시작했다. … 구부러진 시공간과 눈에 보이지 않는 다중 차원들, 논리로 작동하는 컴퓨터를 지닌 21세기의 현실이 있기 이전인 그 시기에, 그는 차마 오랜 친구인 수학과 떨어져 그것과 만나기 위해 되돌아갈 수가 없었다.

부록1

재미있는 주요 문서 몇 가지

과거에는 학자들이 찾기 힘든 진실 하나를 뒤쫓으려면, 수십 년의 연구 기간과 한없는 인내심, 당대의 심오한 지식이 필요했다. 멋지고 새롭게 디지털화한 우리 세대에는 어떤 만화가든 '배비지'나 '러브레이스' 그리고 '1825~1870'을 마법의 검색 엔진에 입력하는 일만 하면 된다.

그러면 디지털화한 19세기 문서의 바다에서 빛나는 작은 문서들로 엮인 그물이 짠! 하고 떠오른다. 그중 일부는, 내가 아는 한, 백년이 넘는 기간 동안 그 누구도 읽지 않았다. 가장 고귀한 걸작에서부터 아주 수준 낮은 삼류 소설에 이르기까지 세상에서 수집된 모든 문서를 디지털화하여 마우스 클릭 한 번으로 온전히 검색할 수 있도록 만들어 누구나 읽을 수 있게 온라인에 올리려는 구글북스Google Books와 아카이브Archive.org의 대규모 임무에 나는 이 막강한 힘을 빚지고 있다.

이 같은 디지털 기록 보관소가 없었다면, 그 누가 배비지와 러브레이스 부인의 우정에 대한 가장 선명한 설명을 찾기 위해 현존하지도 않는, 시민전쟁 시대 메릴랜드의 문학 정기간행물을 볼 생각을 했겠는가? 언젠간 반드시 죽을 그저 피와 살을 가진 종족이 무너진 세계 최초 컴퓨터에 대한 우스꽝스런 이야기를 우연히 발견하려면, 〈블랙우즈 에딘버러 매거진〉 같은 작은 인쇄물에 얼마나 오랫동안 눈을 혹사해야 했겠는가? 『써니 메모리즈』라는 여성인쇄협회가 출판한 얇은 회고록이 세상에서 잊히지 않고, 초로의 배비지가 황홀하게 등장하는 모습을 어떻게 전해줄 수 있었겠는가?

지금까지 언급한 사례는 시간을 거슬러 우리 주인공을 슬쩍 들여다볼 수 있게 해준, 내가 정말 좋아하는 편지와 기사 중에서 아주 작은 일부일 뿐이다.

1851년 〈펀치〉에 등장한 찰스 배비지

나는 1851년 〈펀치punch〉에 등장한 이 그림이 대영박람회에 자신의 차분기관이 특별히 포함되지 않아 몹시 화가 난 배비지를 그린 익명의 만화라고 97퍼센트 확신한다. 눈을 가늘게 뜨고 보면, 거대한 톱니바퀴를 그리는 데 사용되었을 거라 짐작되는 거대한 컴퍼스 한 벌처럼 보이는 물체를 배경에서 볼 수 있다.

앨버트 공의 특별상을
수여한 신사의 화려한 초상화
"정말로 특별상을 받았음! 그게 전부일까? 언어도단이다!"

계산기의 금

〈블랙우즈 에딘버러 매거진〉, 1862

커다란 금이 간 차분기관, 두려움을 모르는 배비지, 거리의 음악 이야기, 그리고 각주—당신의 하찮은 저자가 동료라고 여기지 않을 수 없는 익명의 개그맨이 한 상상 비행.

〈블랙우즈 에딘버러 매거진Blackwood's Edinburgh Magazine〉은 풍자문학과 소설, 에세이를 종종 불손하고 산만한 방식으로 뒤섞어 게재했다. 아래는 유명한 1851년 대영박람회의 후속타로 열린 1862년 박람회에 대한 어떤 유머러스한 설명에서 발췌한 글이다. 그곳에 차분기관의 일부가 전시되었다. 배비지는 "어두운 구석의 작은 구멍"이라고 표현하며, 차분기관이 놓인 위치가 다소 눈에 덜 띈다는 점에 항의했다.

이 전시회에 참석한 엄청나게 많은 사람들에 대한 여러 익살스러운 묘사가 나온 뒤, 배비지를 처음 소개하는 부분부터 이 (매우 긴) 기사를 살펴보겠다. 배비지가 실제로 크리놀린(당시에 유행했던 거대한 치마)의 면적을 추정했는지는 확신할 수 없다. 여러 가지 통계를 추산하는 배비지의 우스운 모습은 당시로선 일반적인 이야기다. 한편으로는 정말로 그가 할 법한 행동처럼 보이기도 한다. 음악가들을 방해한 일에 대한 언급은 당시 배비지와 관련된 농담에서 빠지지 않고 등장한다. 그는 1860년대에 거리의 음악을 반대하는 맹렬한 캠페인을 벌인 것으로 악명 높았다.

> … 배비지 씨가 계산한 방대한 크리놀린의 면적은, 지난 달 30초 동안, 30마일 6펄렁(50여 킬로미터—옮긴이)*에 1.5퍼치(길이 5.03미터, 면적 25.3제곱미터—옮긴이)보다 적지 않은 면적을 덮는다!

계산기의 금

배비지 씨의 기계는 이 고도로 세밀한 지역에 들어선 후 상당히 애를 써왔으며, 그와 조금도 방심하지 않는 그의 숙련된 조수들에게 상당한 불안을 야기했다. 조수 한 명이 배비지에게 극도로 섬세하고 위험하며 어려운 최종 계산을 시작하지 말라고 간청했다. 그러나 그는 어려움이란 단어는 내 사전에 없다며 연구를 수행하겠다고 주장했다. 먼저 그는 시야에 들어온 극미한 분석기계를 최대한 신중하게 바라보았다. 그는 기계 상태가 괜찮다는 걸 확인한 후, 바짝 나사를 조였다. 모든 일이 잘 돼가는 듯했다. 그때 큰 소리가 들렸고 계기판이 맨 끝부분에서 수백만에 달하는 터무니없이 높은 수치를 표시하기 시작하자 모든 작용이 멈췄다.

배비지 씨는 충격에서 회복되자마자 기계 속을 면밀히 들여다보고 미분 계산기와 적분 계산기 두 곳에 금이 간 것을 발견했다! 기계가 어마어마한 충격을 감당하지 못해, 결과적으로는 더 이상 조치를 취할 수 없었다. 그는 파리의 학회로부터 새로운 계산기 두 개를 빌릴 때까지 작업 재개를 금지 당했다. 영국왕립학회는 용감한 회장, 사비네 장군을 통해 배비지가 이 계산기들을 그렇게 위험하고 미심쩍은 일에 사용하는 걸 금지했다. 그가 충분히 두꺼운 매개체를 통해 횡류에서 전송이 이루어지는 데 꼭 필요한, 힘의 양과 방향, 지자기와 동물자기(최면을 걸었을 때 시술자에게서 피술자에게로 흐른다고 생각되는 가상의 힘—옮긴이) 사이의 상관관계를 알아내기 위해 태양 흑점의 주기적 변화를 연구하려는 목적으로 계산기를 필요로 할 때조차 말이다.

---

* 배비지 씨는 수치의 정확성을 보장하지 않을 것이다. 계산 과정의 중요 부분에서 자신의 계산기가 이탈리아의 한 오르간 연주자로부터 방해를 받았기 때문이다. 그 뒤 바로, 한 즉결 심판소의 판사가 그 연주자에게 심금을 울리는 선율에 대해 찬사를 보냈다.

배비지 씨는 무게의 완벽한 평형성을 확인하기 위해 새로운 계산기들(라플라스가 사용했던 것이었다고 전해진다)의 무게를 잰 후, 그들을 기계 속으로 조심스럽게 삽입했다. 얼마 후 이 계산기들이 금이 간 계산기보다 우월하다는 게 명백해졌다. 그들이 먼젓번 계산에서 다소 심각하고도 몹시 당황스러운 오류, 즉 방문객 숫자를 추정할 때 정기권 사용자나 전시회를 두 번 이상 자주 재방문한 사람을 감안하지 않았다는 사실을 추적했기 때문이다. 이러한 오류는 앞에서 이따금 상술한 바와 같이* 빈틈없는 경찰 공무원이 거의 정확하게 평가했듯 음악이 방해하는 힘을 발휘했기 때문에 생긴 게 틀림없다.

* 냉정하게 진심으로 말해서, 배비지 씨의 계산기는 국제 전시회에 놓인 보물 중 하나다. 이 전시회에서 인간의 독창성에 대한 더 큰 승리를 보여주는 물건은 거의 없다.

“내가 그 작업을 하고 있소.”

존 플레처 몰튼 경(1844~1921)은 수질위원회에서 군수품에 이르기까지 정부와 과학이 교차하는 모든 지점에서 도움을 준 법정 변호사이자 수학자이며 의회 의원이었다.

1914년에 네이피어 로그표 300주년을 기념하는 학회 연설에서 몰튼 경은 다소 교훈적인 다음 이야기를 들려주었다.

> 처음부터 끝까지 (네이피어가) 만들자고 제안한 것은 사인 로그표였고 그는 표가 완성될 때까지 목적에서 이탈하지 않았습니다. 그의 개념은 일을 진행하면서 눈에 띄게 확대되었고, 그는 자신의 비교적 제한된 업무를 더 큰 계획으로 몹시 바꾸고 싶어졌지요. 그러나 그는 현명하게 그 유혹에 저항했습니다. 자신이 진짜 표를 만들어서 공표해야만 하며, 그렇지 않으면 과업을 다하지 못한 것이라고 여겼으니까요. 원컨대 다른 발명가들도 똑같이 현명하다면 얼마나 좋겠습니까! 살면서 제가 간직한 슬픈 기억 중 하나는 저명한 수학자이자 발명가인 배비지 씨를 방문한 일입니다. 그는 노경에 접어들었지만 마음은 전과 다름없이 여전히 활기찼습니다. 그는 제게 자신의 작업장을 보여주었습니다. 첫 번째 방에서 저는 계산기 원본의 일부를 보았습니다. 그것은 오래전에 불완전한 상태에서 선보인 바 있고 특정한 용도에 사용되었습니다. 저는 그에게 그 계산기의 현재 상태를 물었습니다.
>
> “완성하지 못했소. 그 작업을 하는 중에 해석기관에 대한 아이디어가 떠올랐기 때문이오. 해석기관으로는 이 계산기가 하는 일보다 더 많은 일을 할 수 있소. 사실 그 아이디어가 훨씬 더 단순해서 다른 계산기를 완전히 설계하고 구축하는 것보다 이 계산기를 완성하는 데 더 많은 작업이 필요했소. 그래서 나는 해석기관으로 주의를 돌렸소.”
>
> 몇 분 동안 이야기를 나눈 후, 나는 다음 작업실로 들어갔습니다. 여기서 그는 제게 해석기관의 구성요소들이 작동하는 것을 보여주고 설명해주었습니다. 저는 그것을 볼 수 있는지 물었습니다. “전혀 완성하지 못했소” 하고 그는 대답했지요. “새롭고 훨씬 효과적인 방법으로 같은 작업을 할 아이디어가 떠올랐기 때문이오. 그래서 예전대로 진행할 필요가 없어졌소.” 그러고 나서 우리는 세 번째 방에 들어섰습니다. 그곳에는 약간의 기계장치들이 산발적으로 놓여있었지만 실제로 작동하는 기계의 흔적은 전혀 보지 못했습니다. 매우 조심스럽게 나는 그 주제를 꺼냈고 두려운 답변을 들었습니다. “그 기계는 아직 구축되지 않았지만 내가 그 작업을 하고 있소. 해석기관을 그만둔 단계부터 완성하는 데 걸리는 시간보다 이 기계를 새롭게 만드는 데 걸리는 시간이 더 적게 걸릴 것이오.” 나는 우울한 기분으로 이 원로와 헤어졌습니다.

러브레이스 부인의 수학에 관한 오거스터스 드모르간의 의견

러브레이스의 가정교사이자 기호논리학의 창시자 중 한 사람인 오거스터스 드모르간이 여성에게 수학을 가르치는 위험에 대해 러브레이스의 모친에게 보낸 놀라운 편지. 이 편지는 러브레이스가 해석기관에 관해 쓴 논문이 출판되자마자 작성되었다.

친애하는 바이런 부인에게

당신과 러브레이스 경이 단 한 가지를 제외한 모든 사안에 대해 저보다 분명 더 나은 판단을 내릴 거라고 인정합니다. 부인의 편지를 받고 바로 그 사안에 대해 제가 (러브레이스 부인의 공부를 아무런 주의 없이 도울 경우 해를 끼치게 될지도 모른다고) 우려한 바가 나타나지 않는다는 것을 알고 매우 기쁘다는 답장만을 드렸어야 했습니다. 하지만 그 사안에 관해 반드시 제대로 얘기할 필요가 있습니다.

저는 결코 러브레이스 부인에게 이 문제에 관해 학생으로서의 그녀에 대한 제 의견을 표현한 적이 없습니다. 그렇지만 체력이 강하지 않은 사람에게 해로울지도 모르는 수학 연구를 고취하는 일이 항상 두려웠습니다. 그래서 저는 매우 잘한다, 좋다 정도에 만족해왔습니다. 그러나 러브레이스 부인이 저와 서신을 주고받기 시작한 때부터 늘 내보이던 이 문제에 대한 사고력은 어떤 초보자나 남성, 혹은 여성의 통상적인 수준에서 완전히 벗어납니다. 따라서 저는 현재 지식의 한계에 도달하려 시도할 뿐만 아니라 그것을 넘어서려는 그녀의 확고한 결정을 그녀의 친구들이 촉구할 생각인지 혹은 점검할 생각인지에 따라, 그녀의 능력을 충분히 고려해야만 한다고 당신에게 말할 필요를 느낍니다.

만약 당신이나 러브레이스 경이 이 특별한 종류의 지식이, 비록 그 대상이 흔치 않은 것이지만, 젊은 숙녀의 평범한 취향과 비슷한 강도를 띤다고만 생각하신다면, 온전히 알지 못하는 것입니다. 만약 영예에 대한 욕망이 그녀의 동기이며, 과학은 그것을 얻기 위해 선택할 수 있는 많은 경로 중 하나라고만 생각한다 해도 그렇습니다. 영예에 대한 욕망은 러브레이스 부인의 성격에서 쉽게 드러납니다만 수학적 재능은 그녀가 그것과는 별도로 기회를 잡아야만 하는 것입니다.

케임브리지에 가려는 어떤 젊은 초보자가 그녀와 비슷한 능력을 보인다면, 저는 맨 처음으로 기본 원리의 참된 어려움과 요지를 파악하는 소질이 그가 수석 1급 합격자가 될 기회를 상당히 낮출* 것이라고 예언했을 겁니다. 그 다음으로 그 소질이 그를 아마도 1급의 탁월함을 지닌, 독창적 수학자로 만들 게 확실하다고 예언했을 터입니다. 배비지의 기계에 대한 소논문은 충분히 훌륭하지만, 새로운 주제에 대한 러브레이스 부인의 첫 연구에서 수학자들이 그녀에게 기대하는 범주를 넘어선다고 볼 만한 일련의 내용을 발췌할 수 있다고 저는 생각합니다.

지금까지 수학 분야에서 출판물을 냈던 모든 여성은 자신의 지식과 그것을 얻을 만한 능력을 보여줬습니다만, 아마도 (불확실하지만) 마리아 아그네시**를 제외한 누구도 어려운 문제와 씨름하지 않았고 그 어려움을 극복하는 남성의 강인함을 보여주지 않았습니다. 그 이유는 명확합니다. 이러한 작업이 요구하는 굉장히 과도한 정신적 긴장상태가 여성이 동원할 수 있는 육체적 힘

---

* 여기서 "낮춘다"는 표현은 케임브리지의 보수적인 수학을 비꼰 것이라고 추정된다.

** 마리아 아그네시(1718~1799)는 미분학과 적분학 모두를 논하는 첫 책을 썼던 이탈리아의 박식가다. 배비지는 자서전에서 자신이 수학을 아그네시의 책에서 처음으로 배웠다고 진술한다.

을 넘어서기 때문입니다. 러브레이스 부인이 지닌 수학적 능력은 지나친 생각으로 인해 남성조차도 피로가 쌓일 만큼 많은 체력을 요구합니다. 그녀가 이러한 피로에 이르게 되리라는 점은 의심할 여지가 없습니다. 이 주제가 그녀의 관심을 완전히 독점하지 않은 지금은 괜찮습니다. 머지않아, 늘 그렇듯이, 생각 전체가 점점, 완전히 그 주제에 몰두하면, 정신과 육체 사이에서 격투가 시작될 것입니다. 아마도 당신은 러브레이스 부인이 서머빌 부인처럼, 사회적 즐거움 그리고 삶에 대한 일상적 돌봄 등을 적당히 병행하며 규칙적인 학습 과정을 지속하리라고 기대하실 겁니다. 그러나 서머빌 부인의 정신은 결코 그녀를 수학을 상세히 연구하는 것 이외의 다른 곳으로 이끌지 않습니다. 러브레이스 부인은 이와는 꽤 다른 길을 택할 것입니다. 서머빌 부인이 "그것은 dt/dv다.(그것에 대한 수학 공식) 그것이 우리가 그 문제에 대해 아는 전부다"라고 말하며, 자연계의 힘에 대한 무지를 조용히 묵인하는 태도를 생각하면 미소가 떠오릅니다. 하지만 이것을 읽은 러브레이스 부인은 아마도 그러한 표현을 훨씬 덜 쓸 것이라고 생각됩니다.

당신이 러브레이스 부인을 특별한 경우로 고려해야만 하는 이유를 이제 충분히 설명했다고 생각하기에, 오직 이 편지를 비밀에 붙여줄 것을 간청하면서, 사실을 제공하며 그 문제를 당신의 더 나은 판단에 맡기겠습니다.

모두 잘 지내시길. 당신의 가정이 질병에서 자유롭길 희망합니다.

당신의 진정한 친구,

오거스터스 드모르간

"특별한 능력"

이 만남이 이루어지기 3년 전에 사망한 러브레이스에 대한 배비지의 가장 솔직한 견해를 보여주는, 가장 선명한 묘사. 저자인 헨리 호프 리드는 펜실베이니아 대학의 문학 교수다. 이 이야기는 시민전쟁의 여파로 "남부 문화를 표현"하기 위해("우리는 독자들이 순수하게 지적이고 완전히 교양 있는 미국 문인들이 한때 구세계에서 누릴 수 있었던 수준 높은 즐거움을 발견하고, 제시된 내용에 대해 만족할 것이라고 확신합니다.") 단기간(1867~1879) 출판되었던, 〈서던 리뷰Southern Review〉지에 1867년에 실렸다. 나는 구글북스에서 이 경이로운 편지를 우연히 발견했다.

제가 말하려는 내용이 대부분 배비지 씨에 대한 것이므로 그에 대한 제 인상과 그와 나눈 여러 대화를 당신*에게 온전히 생생하게 전할 수 없음을 진심으로 죄송하게 생각합니다. 당신의 편지를 제 명함과 함께 보내고 몇 시간 뒤, 그가 우리 숙소에 들렀습니다. 그의 외양과 태도를 기억하시는지요? 이전에 그는 굉장히 초조해 보였습니다. 그를 안으로 들인 후 제가 그를 진정시키지 못할까 봐 걱정될 정도였습니다. 그러나 그가 방해해서 미안하다고 사과한 뒤(점심 식사를 하고 있었거든요), 편안히 앉자 저는 우리가 자리를 함께하면 곧 서로를 잘 이해하게 되리라고 느꼈습니다. 그렇게 독특한 인상을 주는 태도를 지닌 유명인을 저는 결코 만나본 적이 없습니다. 총명한 눈빛, 초조한 얼굴 표정, 대화의 활기와 진지함으로 매순간 점점 더 뚜렷해지는 지력. 그가 겪은 인생 고락의 흔적을 생생히 느낄 수 있었습니다. 그는 곧 매우 흥미로운 얘기를 시작했습니다. 그가 한 여러 얘기 가운데, 베수비오 화산을 방문하여 분화구 안에서 (그 과정을 설명하는 데 제가 실수를 저지르지 않는다면) 어떤 선을 측정한 일**도 있었습니다. 그가 때에 딱 맞춰서 일을 마치자 둘 사이 안팎으로 화염이 흘렀다고 합니다. 그가 나가려고 일어선 뒤, 대화 중 우연히 고인이 된 러브레이스 부인(바이런 경의 딸 '에이다')의 이름이 언급되었습니다. 두 사람은 가까운 사이였는데, 그는 그녀의 수학적 능력과 (제 생각에) 그의 계산기와 관련된 설명을 작성하는 특별한 능력은 자신이 알던 어느 누구보다 더 뛰어나다고 극구 칭찬했습니다.(그가 언급한 주제의 정확한 속성을 제가 여기서 제대로 표현했는지 걱정됩니다.) 그는 그녀가 전혀 시적이 아니라고 묘사했지만 그녀의 비참한 삶(그가 비극이라고 말했던)에 대한 기억이 순간 그를 슬프게 한 듯 보였습니다. 그가 그 일을 마음에 떠올리면서 낮은 톤의 목소리로 너무나 가라앉은 태도로 말해서, 저는 그의 말을 들으며 서 있는 동안 그가 한 시간 전 이 방에 들어서서 신경질적으로 행동하던 신사와 같은 사람이라고는 거의 생각할 수 없을 정도였습니다. 그의 말과 태도에 너무나 많은 감정이 실려 있어서, 저는 그가 말하는 삶의 불행과 비극적 결말이 정확히 어떤 것인지 그에게 자유롭게 물을 수 없었습니다. 저는 '에이다'의 내면에는 바이런의 악령이 많이 깃들어 있었고 러브레이스 경과 마음이 맞지 않아서 지독히 그를 싫어했으며 자기 어머니에 대해서도 그보다 더 나은 감정을 품고 있지 않았다고 알고 있습니다. 그것은 아내와 남편, 그리고 어머니 3자 간에 반감을 품은 사례로 보입

---

* 이 편지의 수신자는 미국연안조사국의 감독관, 알렉산더 바셰이다. 그는 미국에서 배비지의 등대 식별 시스템을 채택하는 걸 추천하는 논문을 썼다. 이 논문은 도저히 더 이상 철두철미하고, 호의적이며, 도표로 가득 찰 수 없을 정도다. 배비지는 이를 보고 틀림없이 기뻐했을 것이다.

** 배비지가 베수비오 화산을 방문한 일은 그가 파티에서 꺼내기 좋아한 일화 중 하나다. 이 일화는 그의 자서전 214쪽에 나온다.

니다.* 배비지 씨는 러브레이스 부인의 실제적인 사고방식에 대해 말하면서 그녀에게 온갖 종류의 기이한 이야기를 하면서 온화한 즐거움을 많이 느꼈다고 말했습니다.**

(그 뒤에는 다른 과학자들을 방문한 일이 나온다. 편지는 이렇게 끝맺는다.)

런던으로 돌아오는 길에, 저는 배비지 씨와 흥미로운 인터뷰를 한 번 더 했습니다. 에딘버러에서 보낸 편지가 그에게 다소 감명을 주었던 거지요. 헤어지면서 제가 "자, 저는 '배비지 씨가 미국을 방문해야만 하는 이유'라는 제목의 소논문을 쓰고 싶네요" 하고 말하자, 그는 배꼽을 잡고 웃었습니다. 이 긴 편지가 당신을 지치게도 했겠지만, 제 사랑하는 아내에게 편지 쓸 시간도 뺏었습니다. (그녀의 강한 사랑이 없었더라면, 이 여행은 결코 성사되지 않았을 테지요.) 이 편지를 읽고 나신 뒤, 제 아내에게 전해 주시겠습니까?

친애하는
헨리 리드*** 드림.

---

* 러브레이스의 가족 관계에 대한 대단히 복잡하고 어두운 이야기는 이 책이 다루는 범위가 아니지만 나는 배비지가 완전히 낯선 사람에게 남의 사생활에 대해 온갖 종류의 나쁜 이야기를 전한 것처럼 보인다는 사실에 크게 놀랐다.

** 털이 덥수룩한 강아지 이야기로, 러브레이스를 놀리는 배비지의 이미지는 너무 아름다워서 다소 숨이 막힐 정도다.

*** 헨리 리드는 결코 미국으로 돌아오지 못했다. 그는 이 편지를 쓴 지 한 달 뒤 증기선인 '북극'호가 끔찍하게 가라앉는 바람에 사망했다.

플레이페어 경의 회고록

화학학회 회장이자 하원의원인 플레이페어 경이 배비지의 성격에서 가장 중요한 특징들(엄청난 매력, 좋은 평판, 거대한 자아와 자기 무덤을 파는 놀라운 능력)을 묘사한 일화.

내가 빈번히 방문했던 또 다른 철학자는 계산기 발명가인 배비지였다. 그는 정부와 장기간에 걸쳐 싸우는 중이었다. 그가 첫 번째 기계를 전혀 완성하지 못했다는 이유로 정부가 그의 새로운 기계를 지원하길 거절했기 때문이다. 배비지는 박식한 사람이었고 매력적인 방식으로 자신의 정보를 전달했다. 한번은 9시에 그와 아침식사를 했다. 그는 내게 자기 계산기의 작동 방식과 색깔 램프로 신호 보내는 방법을 설명해주었다. 1시에 점심식사 약속이 있어서 시계를 확인했을 때, 4시를 가리키고 있었다. 말도 안 되는 일인 것 같아서 나는 정확한 시간을 확인하러 현관으로 갔다. 철학자의 설명과 대화에 굉장히 심취한 나머지 그도 나도 시간이 이렇게 지난 걸 눈치 채지 못했던 것이다.

배비지는 항상 자신이 형편없는 대접을 받고 있다고 생각했고 결국 이 감정은 자기중심적 태도로 이어져 친구가 별로 없었다. 아래 일화는 이를 잘 보여주는 별난 사례다. 오스본을 방문했을 때, 나는 여왕의 부군*과 동행했다. 여행하는 동안 나는 정부가 과학자에게 훈장을 수여하는 바람직한 일을 강력히 권고했다. 정부가 육군과 해군, 공무원 조직에게 작위와 훈장을 풍부하게 수여하는 반면, 유식한 사람에게는 거의 수여하지 않는 점을 지적했다. 만약 그렇게 한다면, 그들은 정부를 명예의 토대로 여길 것이고 자신들을 위한 작위를 만들 것이며, 그로 인해 F.R.S.**는 K.C.B.***이상으로 존경받을 것이다. 정부와 유식한 사람 사이의 이러한 분열은 군주국의 이익을 위해서도 현명한 일이 아니다. 여왕의 부군은 이 주장을 쉽게 인정했고 내게 추천을 요청했다. 나는 확실한 위치에 있는 사람 한두 명을 추밀 고문관(국왕을 위한 자문단의 고문관—옮긴이)으로 임명한다면 호감을 살 수 있을 거라고 제안하면서 이런 영예를 안을 자격이 있는 두 사람으로 패러데이와 배비지를 언급했다. 이 대화를 나누고 얼마 지나지 않아 나는 철학자들의 가능성을 타진하고 그들이 추밀 고문관으로 임명되길 원하는지 확인하는 권한을 부여 받았다. 불행히도, 나는 맨 처음 배비지에게 갔다. 그는 내 제안에 기뻐했으나 정부가 자신의 발명품을 무시한 데 대한 보상으로써, 자신 혼자만 임명되어야 한다는 조건을 달았다. 그로 인해 패러데이처럼 유명한 사람과 연계되는 일조차도 승인받지 못할 터였다. 당연히 여왕의 부군은 이 조건에 동의하지 않았고 과학자를 추밀 고문관으로 임명하는 일은 더 이상 진행되지 않았다.

---

* 앨버트 공, 즉 빅토리아 여왕의 남편.

** 왕립학회 회원. 자연 지식을 향상시키기 위한 런던의 왕립학회로 나라에서 가장 탁월한 과학자들로 이루어진 선택된 집단이다. 그러나 배비지에게 물어보면, 신사들의 동호회라고 대답할 것이다.

*** 바스 기사작위.

크로스 부인의 회상

크로스 부인은 전기 실험으로 생명체를 창조했다고 주장한 미친 과학자이자 두 주인공의 친구인 알렉산더 크로스의 두 번째 아내다. 첫 번째 발췌문은 잡지 기사에서 인용한 것이고 두 번째는 그녀의 회고록 『내 인생의 축일』에 실린 글이다.

그의 계산기는 끝없는 독백의 대상이었다. 언젠가 나는, 몇 년 전에, 소년 시절 다트머스에서 그와 한 반이던 노인에게서 "배비지는 학교 전체에서 산수를 제일 못하는 소년이었다"라는 말을 들은 적이 있다. 나는 그에게 소년 시절 이 위대한 계산가에 대해 주목할 만한 일을 무어라도 기억하고 있느냐고 물었다. "아니오, 전혀요. 우리는 그를 '발리 캐비지(보리 양배추)'라고 불렀고 그는 그 별명을 좋아하지 않았죠." 배비지는 바이런의 딸에 대해 얘기하길 무척 좋아했다. 그에게 그녀는 항상 '에이다'였고, 그는 아이인 그녀를 항상 안고 다녔으며* 그녀가 러브레이스 백작부인이 되었을 때 친구이자 상담자가 되었다. 케니언**은 러브레이스 부인이 놀랄 만큼 지적인 여성이라고 인정했지만 그가 보기에 그녀는 지나치게 수학적이었다. "우리 가문은 시와 수학 재능이 교대로 나오는 계층이다"라고 러브레이스 부인은 말하곤 했다.

배비지는 만약 자신이 눈이 먼다면, 시를 쓸 수 있으리라고 생각했다. 그는 말했다. "나는 지적인 불길에 대한 묘사를 내 주제로 다룰 것이다." 어떤 형태로든 시를 배비지와 연관 짓기는 어렵다. 그는 매우 실용적 사람이었다.

『내 인생의 축일』에서 인용한 글

그 무렵 과학 모임에서, 그것이 왕립연구소 강좌였든, 영국학술협회 모임이든 혹은 어떤 식으로든 유행에 따라 과학의 영향을 받는 상류사회의 사적인 모임이든지 간에, 내가 항상 마주하는 얼굴이 있었다. 그 얼굴은 결코 주름져서 더 나이 들어 보이지 않았고 내 생각엔 전혀 젊어 보이지도 않았다. 어디서나 마주치던, 이 조금 신랄한 얼굴의 주인공은 배비지였다. 그만큼 거두절미하고 대화를 시작할 준비가 된 사람은 없었다. 그에게 인사와 날씨 이야기는 이미 말한 것으로 치부되었다. 당신의 관찰은 무의미할 수도 있었다. 그의 재담은 준비된 듯 재치 있고 예리하게 시작되었다.

배비지는 에이다 바이런을 어렸을 때부터 알았다. 그는 그녀에게 상당한 애착을 느꼈고 그녀가 전념하는 철학 연구에 특별한 관심을 가졌다. 그녀는 러브레이스 경의 아내가 된 후, 해석기관의 기본 원리에 대한 메나브레 장군의 회고록을 번역해서 그녀 자신의 주석을 덧붙여 출판했다. 배비지는 이에 대해 말했다. "이 분석 작업들이 기계장치로 수행될 수 있다는 완벽한 설명이다." 나는 그가 미래의 어떤 철학자가 해석기관에 대한 자신의 발상을 수행할 수 있을 만큼 충분한 주석과 도해를 후대에 남기길 원한다고 말한 걸 기억한다.

배비지는 소박한 사람이었다고 인정하지만… 그는 언제까지나 그대로였다. 내가 그와 알고 지낸 사반세기 동안 거의 변하지 않았다. 1860년대 초반에 킹레이크 양과 나는 어느 날 저녁 배비

* 크로스 부인만이 배비지가 에이다를 어린 시절에 알고 있었다고 얘기하는 유일한 출처다.

** 존 케니언(1784~1856)은 부유한 귀족 시인이다. 그는 성대한 만찬을 주최했을 뿐만 아니라 로버트 브라우닝을 엘리자베스 배럿에게 소개해주고 두 사람의 사랑의 도피를 도왔다.

지 씨와 차 모임을 가졌다. 그는 러브레이스 부인의 수학 연구와 관련된 흥미로운 논문들*을 우리에게 보여주겠다고 약속했고 사전에 합의해서 그곳에는 다른 손님들이 없었다.…

그는 자신이 계산기에 헌신해서 사재를 많이 썼을 뿐만 아니라 두뇌를 그 우상에 바친 탓에 가정생활의 모든 즐거움과 위안을 포기했다고 얘기했다. 그는 일찍 결혼했지만 젊을 때 아내가 사망했다. 냉소주의의 갑옷을 입은 철학자에게서 예상할 수 없었던 방대한 감정을 드러내며, 그는 음울하게 고립된 자신의 운명을 애절하게 한탄했다. "물론…" 그가 말했다. "나는 가정생활을 좋아했기에, 만약 저 기계가 없었더라면, 재혼했을 겁니다."

… 내가 보기에 계산기는 그의 삶에서 골칫거리였던 듯하다. 나는 수학자가 아니며 따라서 말할 자격이 없다. 그러나 배비지의 위대한 능력과 실제적 역량을 보유한 그의 조국은 그의 이름을 웅장한 실패 말고 다른 것과 기꺼이 연결해주어야 마땅했다. 그날 저녁 이 문제에 관해 나눈 대화로 연구에 대한 실망이 얼마나 그의 영혼 깊숙이 파고들었는지 깨달았다. 그가 정부와 그 조언자들에게 지닌 불만은 기계를 완성하는 데 필요한 기금을 주지 않았기 때문이 아니었다. 배비지는 늘 불만이 많았다. 그의 친구이자 제자인 러브레이스 부인에 대한 화제조차도 그가 휘트스톤과 러브레이스 부인의 다른 친구들과 벌였던 성난 논쟁**을 언급하지 않고는 다룰 수 없었다. 그들은 배비지가 러브레이스의 출판물을 자신의 비탄을 전달할 수단으로 삼는 데 반대했다. 그는 우리에게 전체 이야기를 들려주었지만 나는 여전히 배비지 씨가 잘못했다고 확신한다.

* 짜증나게도, 크로스 부인은 결코 이 논문들을 묘사하는 일까지 하지 않았다. 그것이 주석을 작성하는 일을 두고 주고받은 서신이었을까? 배비지와 러브레이스가 함께 작업하고 있었던 것처럼 보이는 불가사의한 책이었을까?

** 배비지가 해석기관에 대한 러브레이스의 논문에 정부에 대해 불평하는 긴 글을 첨부하려고 시도한 일을 둘러싸고 벌어진 논쟁으로 4장 '의뢰인'의 각주에서 설명했다. 배비지가 자기 입장에서 무슨 일이 벌어졌는지에 대해 말할 때조차 그 문제에 관한 한 여전히 그가 완전히 멍청이였던 것처럼 보이니 반갑다.

1843년 9월 9일에 쓰인 한 쌍의 편지

배비지는 러브레이스가 『해석기관 개요』에 대한 번역과 주석 작업을 끝마치자 곧, 그 논문을 출판하기 전에(〈테일러의 과학 회고록〉 10월 주제로 이 논문이 게재됐다) 이 편지를 썼다. 그는 정부에 대한 자신의 불평을 논문에 싣는 걸 러브레이스가 거절한 데서 느낀 분노에서 회복된 듯 보인다. 이 다소 두서없는 편지들에서 배비지가 갈겨쓴 자유분방한 악필은 어느 일요일 아침(그 주에 한 런던 신문에 실린 날씨 정보는 '맑음'이었다) 편지를 급히 휘갈겨 쓰는 한 남자의 모습을 선명하게 그려낸다.

친애하는 패러데이에게,

당신이 러브레이스 부인에게서 받은 듯한 선물*의 장점을 분에 넘치게도 제게 돌리는 친절한 편지를 보내준 데 대해 감사드려야 할지 확신이 서지 않습니다.

지금 저는 당신에게 이 번역물에 같이 실려야만 하는 것을 보내드립니다.

이제 당신은 과학의 가장 추상적 분야에 마술을 걸어서 남성적 지력은 (적어도 우리나라에서는)** 거의 행사할 수 없는 힘으로 그것을 파악한 마법사에게 또 다른 편지를 써야만 할 겁니다. 저는 활기찬 요정과 당신이 처음으로 함께한 면담을 잘 기억합니다. 그녀도 그 일을 잊지 못하고 있으며 저는 제 응접실을 과학의 대저택Chateau D'Eu***으로 만들어준 데 대해 당신 둘 모두에게 감사하고 있습니다.

저는 잠깐 동안 서머셋에 있는 러브레이스 경의 영지에 머물 예정입니다. 그곳은 폴록의 우체국이 있는 마을에서 3킬로미터 정도 떨어진, 애슐리라고 불리는 암석 해안에 위치한 낭만적인 곳입니다.

영원한 당신의 벗,
찰스 배비지.

---

* 러브레이스는 패러데이에게 메나브레의 논문에 대한 번역본 한 부를 보냈다. 거기에는 주석이 달려 있지 않았고 주석은 배비지가 이 편지와 함께 보냈다.

** 배비지는 일반적으로 영국의 수학을 낮게 평가했다. 역설적이게도 패러데이는 수학 실력이 형편없기로 유명하다. 배비지가 이 답장을 썼던 그의 편지는 이렇게 시작한다. "비록 제가 당신의 위대한 연구를 이해할 수는 없지만 ⋯."

*** 위키피디아에 따르면, 루이 필리프 왕의 여름 별장. 일반적인 장식성을 암시한 것이라고 추측한다.

친애하는 러브레이스 부인에게,

나는 한가해질 때까지 기다리는 일이 상당히 헛되다는 걸 알게 되었소. 그래서 다른 일들을 전부 처리하지 않은 상태로 남겨둔 채 이 세상과 모든 시름들, 가능하다면 세상의 무수히 많은 사기꾼들, 요컨대 숫자의 마법사를 제외한 전부를 충분히 잊게 해줄 만한 논문들을 가지고 애슐리로 떠날 결심을 했소*.

나를 가로막는 유일한 장애물은 어머니의 건강이 지금 내가 바라는 만큼 좋지 않다는 것이오.

당신은 애슐리에 있소? 그곳은 내가 머물러도 좋을 만큼 다른 모든 일들이 여전히 편안한 상태요? 다음 주 수요일이나 목요일, 혹은 다른 날이라도 가도 되겠소? 나는 손턴 혹은 브리지워터의 철로 덮인 거리를 떠날 것이고 당신에게 그곳(즉 애슐리)에서 『아보가스트 미분학』**을 건넬 것이오. 나는 끔찍한 문제(유명한 책인 『세 사기꾼』***의 존재만큼이나 이해하기 힘든 삼체문제****)에 대한 책을 몇 권 가져갈 것이오. 만약 당신에게 아보가스트의 책이 있다면 다른 책을 가져가겠소.

친애하고 매우 존경하는 통역관이여. 그럼 이만 줄이겠소.

언제나 진정한 당신의 벗,
찰스 배비지.

---

* 패러데이의 편지에 대한 해명 없이, 반러브레이스 분파는 배비지가 (그들이 주장하길) 수학적으로 서투른 러브레이스를 "숫자의 마법사"로 언급할 리 없으며 그가 쓴 이 표현은 수학을 다소 추상적으로 의인화한 것임에 틀림없다고 주장한다. 이 주장에 정반대되는 패러데이의 편지를 발견한 일은 내게 학자들 간 전투에서 승자를 뒤집는 굉장히 엄청난 흥분을 가져다주었다. 이 문장은 종종 "숫자들의 마법사"로 기록되지만 내 눈에는 "숫자의"로 보인다. 배비지는 글씨를 지독하게 휘갈겨 쓴다!

** 루이 프랑수아 앙투안 아보가스트(1759~1803)는 프랑스의 수학자다. 이 책은 당신 추측대로 두꺼운 미적분학 서적이다. 배비지와 러브레이스는 서로 끊임없이 책을 교환했다.

*** 언제나 유용한 위키피디아가 내게 『세 사기꾼에 대한 논문』이 계시 종교를 부인하는 이단서이며 존재했을 수도 하지 않았을 수도 있다는 사실을 알려주었다.(세 사기꾼은 모세와 예수, 마호메트다.) 이 책은 "무신론자와 이신론자들이 자신의 세계관을 정당화하고 지적으로 참고하는 공통된 원천으로 삼기에 유용하다"고 한다. 러브레이스는 무신론자였고 배비지는 이신론자(신을 믿지만 조직적 종교는 믿지 않는 사람)였던 것처럼 보인다. 위키피디아 편집자는 정말 요약을 잘한다!

**** 삼체문제는 우주에서 서로를 돌고 있는 세 물체의 움직임을 예측하는 수학적 문제다. 배비지는 이 문제에 열렬히 관심이 있었다. 단순화와 결정론을 굳게 믿는 사람으로서, 그가 삼체문제에 해결책이 없음을 안다면 기뻐하지 않았을 것이다. 즉 서로 상호작용하는 세 물체의 정확한 행동은 예측하기가 불가능하며 매 순간마다 다른 결과를 산출한다고 한다. 이 각주에서 내가 제시한 윤곽은 이제 '무슨 무슨 혼돈 이론'을 상세히 설명할 것을 요구하지만 나는 스스로가 그 일을 잘 해낼 수 있으리라고 여기지 않는다. 그렇기에 무슨 무슨 혼돈 이론인 것이다.

『써니 메모리즈』

1880년에 여성인쇄협회는 몇몇 유명인사들에 대한 'M. L.'의 개인적 회상을 포함하고 있는 『써니 메모리즈Sunny Memories』를 출판했다. 몇십 년 뒤 하버드 대학의 누군가가 아무래도 예술가 존 터너를 조사하면서 'M. L.'이라는 머리글자 옆에 '메리 로이드'라고 유용하게도 휘갈겨 썼으며 구글북스는 그 문서를 스캔했다. 이 경위를 통해 나는 그 이름을 알게 되었다. 이 책은 제목에서 느껴지듯이 감상적이며 빅토리아 시대답다. 배비지에 관한 장은 길지만 여담과 고상한 인용구로 가득하다. 그래서 여기서는 그 글을 상담히 추려냈다. 이 글은 실패에 대해 체념한 노년의 가정적인 배비지를 들추어낸다. 불행히도 빅토리아 시대적인 상상을 덧입고 있는 거리의 음악가들('오르간'이 언급된다)과 싸우는 성미가 고약한 노인 말이다. 이 글은 작고 멋진 일화로 끝난다. 나는 결코 백만 년 안에 배비지에 관해 그렇게 완벽한 구성을 할 수 없을 것이다.

> 배비지 씨의 성격이라면 사려 깊은 친절함과 놀랄 만한 날카로움, 거의 고통스러울 만큼 예민한 감정이 가장 먼저 떠오른다. 배비지 씨는 친구들에게는 다정했지만 싫어하는 사람에게는 신랄했다. 너무 신랄해서 나는 그에게 늘 이렇게 말하곤 했다. "당신은 말은 거칠어도 본심은 그리 나쁘지 않으니 얼마나 다행인지요!"
>
> …
>
> 배비지 씨는 항상 어떤 주제(음악과 시를 제외한)에 대해서든 얘기할 준비가 돼 있었지만, 특히 자신의 훌륭한 기계인 '차분기관' 혹은 그가 그 기계를 부르는 이름인 '리바이어던Leviathan'에 대해 말할 기회를 절대 놓치지 않았다. 그는 내게 그 기계가 완성되면, "모든 것을 분석해서 가장 기본적 원리로 환원해낼 것이며 거기에는 미래의 발명품까지 포함될 것이다. 요컨대 그 기계는 인간의 마음을 거의 대체하게 될 것"이라고 장담했다.
>
> …
>
> 배비지 씨는 굉장히 슬픈 표정을 짓고 있었지만 대화할 때면 그 표정이 곧 사라졌다. 그러나 휴식 중일 때에는 다시 슬픈 표정이 떠올랐다. 그는 자기 자신과 타인에 대한 일종의 정신해부학에 탐닉했다. 그 일은 매우 즐거웠으며 아주 독창적이었다. 그의 얼굴에 과로와 정신적 긴장이 엿보였기에, 그가 자기 기계와 근래의 오르간에 대한 모든 근심을 잊고 리치몬드 공원을 산책하고 드라이브하거나 쉰Sheen 여관에 있는 총애하는 오웬 교수를 방문하면서 시골에서 조용한 날들을 보내도록 설득하는데 성공했을 때 매우 기뻤다.
>
> …
>
> 종교 주제에 관한 배비지 씨의 견해를 이해하기는 어려웠다. 그러나 그가 하느님을 몹시 숭배했다는 점에는 추호의 의심도 없다. 그는 '위선적인 말'을 너무나 끔찍이도 싫어한 나머지 정반대의 극단에 빠지고 말았고 많은 사람이 그에게 종교가 없다고 믿게 되었다. 하나의 주제가 그의 마음을 지나치게 독점한 탓에 그는 시와 음악에 대한 사랑이 제공하는 휴식을 누리지 못했고 결국 그것은 뛰어난 기억력의 감퇴를 재촉했다. 그는 어느 날 나를 보러 와서는 자신이 내 이름과 우리 아버지 이름을 잊어버렸다고 고통스럽게 말했다. 그는 자기 명함 역시 잊어버렸다. 그래서 조끼 주머니에서 놋쇠로 만든 작은 톱니바퀴를 꺼내어 그 위에 자기 이름을 긁어서 쓰고 그것을 명함 대신 남겼다!

사소하지만 재미있는 갖가지 정보들

19세기의 방대한 인쇄물을 훑어보고 색인에 올리는 검색엔진에 '배비지'나 '러브레이스'를 입력하면 온갖 종류의 정보들이 튀어나온다. 나는 항상 배비지를 잘 알려지지 않은 인물로 생각했기에 그가 정말로, 정말로 유명했다는(적어도 온갖 기이한 장소에 유명인사의 이름으로 들먹여진다는 점에서) 사실을 발견하고 놀랐다. 예를 들면 배비지라는 이름의 기분 좋은 운율은 엉터리 시를 쓰는 작가들이 결정론적 우주의 망령이나 계산가로서 그를 선호하게 만들었다.

He fainted not, nor call'd for aid
From waiter, or from chambermaid :—
But softly to himself he said,
"I 'm a 'gone' coon !—All 's up with *me !*—
My doom is settled—Q. E. D."—
As though by Babbage prov'd, or Whewell,
A victim pre-ordained, he knew well
That adverse fate, with purpose cruel.

마치 배비지에 의해 증명된 것처럼.

When I've eaten up a whole ri
Of the Swiss cheese of New York
I can calculate like Babbage,
I go back to the Mab age
When I've eaten pickled cabbage
And salt pork.

나는 배비지처럼 계산할 수 있어.

To double their numbers, and multiply more,

For Babbage himself might exhaust all his lore.

As easily reckon'd the leaves on the trees,

That flutter on high in bright summer's soft breeze,

배비지가 스스로 자신의 모든 지식을 다 써버렸기 때문에

1844년 런던에서 출간된 〈리텔즈 리빙 에이지Littel's Living Age〉에서, 1883년 뉴욕에서 출간된 〈라이프 매거진Life Magazine〉 창간호에서, 1842년 에딘버러에서 캐서린 싱클레어가 쓴 활기 넘치는 유쾌한 서사시 「스코틀랜드의 조신」에서

'배비지'는 평상시 자주 사용되는 말이다. 1843년에 소설 『고어 부인의 호주권』(Harper and Bros., 뉴욕)에서 사전 지식 없이 주어진 암시.

has been brought of late within eight hours' range of London ; and receded more miles than Babbage could compute, from the kingdom of Heaven. But before all trace be obliterated of the simplicity of its good old times, come forth,

배비지가 계산할 수 있는 거리보다 더

안드로이드, 프로토타입, 인공지능, 1839! 프랑스의 화학사를 논평하는 「외국 분기 보고서」 23권의 서명 없는 글에서 인용.(앨버트는 13세기 연금술사이자 학자인 성 알베르투스 마그누스다.)

Popular belief assigned to Albert also a superhuman agent which resolved his difficult propositions. But instead of a brazen head, he had the advantage of an entire man, called the *Androïde* of Albert; which, M. Dumas shrewdly surmises, may have been a calculating machine, personified by superstitious exaggeration. The wonderful invention, then, of Mr. Babbage may have had a prototype at this remote period!
To give some idea of the feelings with which alchemists were

배비지 씨의 훌륭한 발명품은 프로토타입이 있을지도 모른다.

내가 개인적으로 가장 좋아하는 배비지에 대한 사소한 정보. 〈리터러리 가제트Literary Gazette〉, 1832년 「영국과학진흥협회의 보고서」에서.

대수의 프랑켄슈타인 배비지

eminent, so as to deserve the title of Lions.
Cambridge was strongly, worthily, and ably represented in the persons of Airy the astronomer, Whewell the mathematician and mineralogist, Sedgwick the renowned champion of geology, Babbage the logarithmetical Frankenstein. Each Society of London had sent forth its deputies; Davies Gilbert and children from the Royal Society, Brown the boast of the Linnean, Murchison, Fitton, and Greenough

러브레이스는 출생, 결혼, 사망 시기에만 문서에 등장한다.(이때 그녀는 컴퓨터 과학에 대한 첫 논문을 출판했다.) 그래서 에이다에 대한 정보들은 훨씬 적고 덜 흥미롭다. 다음은 1833년 〈법정 저널〉에서 인용한, 그녀가 법정 발표 당시 입은 의상에 대한 정보다.

HON. MISS ADA BYRON.

White embroidered tulle dress over rich satin: rsage en pointe drape, with cestus, mantille, and vast ruffles of rich blonde; white satin train, trimmed with blonde. Head-dress, feathers, and blonde lappets, ornaments, diamonds and pearls.

HON. MISS DUNDAS.

Dress of white crape over white gros de Naples;

에이다 바이런 님

풍부한 새틴 드레스 위로 걸친 자수가 놓인 하얀 튤 드레스.
띠와 망티유(레이스 숄)와 풍부한 프랑스제 실크레이스
주름 장식이 있는 드레이프.
끝부분이 프랑스제 실크레이스로 장식된 흰 새틴 옷자락.
머리 장식물, 깃털들, 실크레이스, 장신구, 다이아몬드와 진주.

다행히도, 에이다가 때때로 숙녀가 아닐 때도 있었다! 1833년 〈뉴욕 미러New-York Mirror〉지에 실린 기이한 소식의 놀라운 한 토막을 보자.

musical elocution hereafter, at the reduced price of ten thousand dollars per annum!

On Dit!—It is said, that Ada Byron, the sole daughter of the "noble bard," is the most coarse and vulgar woman in England!

"Another—and yet another!"—A new monthly magazine is in contemplation, under the editorial direction of Charles Hoffman.

이 기사를 알아보려면 날카로운 눈으로 (인상적인 문서 인식 알고리즘을 택해) 들여다봐야 한다. 여기에는 이렇게 적혀 있다. "오 저런! '고귀한 시인'의 유일한 딸인 에이다 바이런은 영국에서 가장 거칠고 통속적인 여성이라고 한다." 자, 오너라! 뉴욕 미러여, 당신들을 그냥 내버려둘 수 없다. 험담! 비판! 에이다는 확실히 편지에서 불경한 말(만약 당신이 '빌어먹을'을 욕이라고 생각한다면)을 하는 경향이 있었고 ~~누대~~ 수학자들이 길렀기 때문에 태도가 특이했다. 나는 그들이 말하고 있는 게 이런 특징일 거라 추측한다.

슬프게도, 굉장한 발견물이 부족하다. 그녀가 가장 좋아하는 치약을 만드는 비결에 여러분이 만족할까? 1892년에 발행된 〈화학자와 약제사〉 41권에서 인용한 문구를 보자. 나는 오늘날 더 많은 업계 신문들이 용 장식을 해야만 한다고 생각한다.

NCE more we open the recipe-book which we have recently used to so good purpose, and on this occasion we select those formulæ which pertain to the toilet. The first one that we meet is a formula for quinine dentifrice which was formerly in the possession of a West-end of London chemist, who died forty-two years ago. The dentifrice was a favourite one with the Queen and the late Prince Consort; and it has an association with Lord Byron, in so far as his daughter Ada, Countess of Lovelace, was in the habit of buying it half-a-dozen boxes at a time, "calling at the establishment where it was made in her carriage," says our chronicler. A fashionable dentist of a generation ago thought so much of the dentifrice that he had it put up in No. 14 turned wood boxes, and labelled with his own name, and there are many other honourable associations in connection with it. "Super," "Opt.," and "Verum," are added to one or other of all the ingredients in the original recipe, but we prefer to give it on the understanding that only the best materials are to be used.

Quinine Dentifrice.

[As used by Her Majesty the Queen.]

Pulv. rad. iridis flor.	℥xij.
„ cretæ præcipitat.	ʒxxxvj.
„ oss. sepiæ	ʒiij.
Ol. rosæ virgin.	♏lxxx.
Quininæ sulphatis	ʒij.
Pulv. saponis hispan. (fresh)	ʒij.
Ol. cinnamomi	♏lxxv.

All the powders to be finely levigated and mixed in the above order, the oils being intimately mixed before passing the powder through a fine sieve three times.

그의 딸인 에이다 러브레이스 백작부인은 한 번에 여섯 박스를 구입하는 버릇이 있다.

배비지가 죽을 때 가지고 있던
에이다 러브레이스 백작부인의 명함,
시드니의 응용미술 및 과학 박물관 소장품

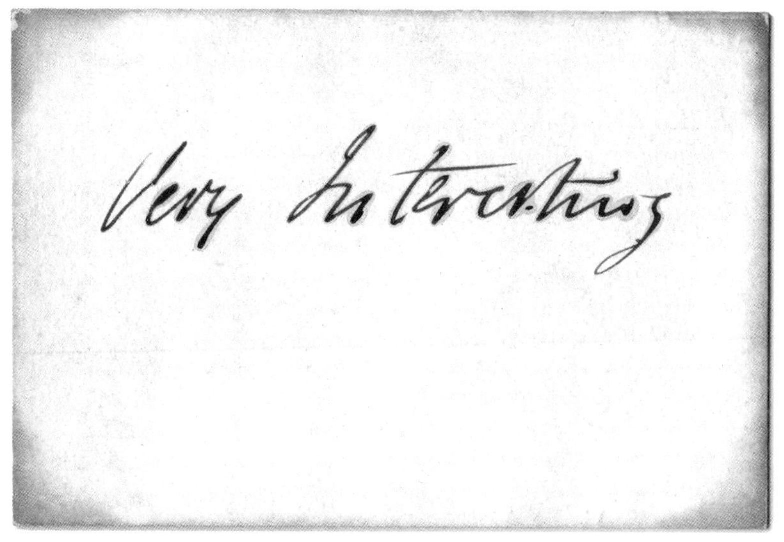

… 명함 뒷면에 있는 에이다 러브레이스의 필적!

그림1. 런던, 템스 강의 사우스뱅크,
성공한 차분기관이 존재하지 않는 우주

그림2. 런던, 템스 강의 사우스뱅크,
성공한 차분기관이 존재하는 우주

✿
부록2

해석기관

여러분들은 배비지의 해석기관이 얼마나 어마어마하게 크고 재주가 놀라운지에 대해 너무 많이 들어서, 실제로 어떤 모습일지 또 정확하게 어떻게 작동할지 궁금해 할지도 모른다.

이 장을 시작하면서, 나는 뻔뻔스럽게도 이 기관 전체에 대한 기존 구상화들 몇 개를 그대로 차용할 생각이었다. 그랬기에 누구도 그 작업을 한 적이 없다는 사실을 발견하고 굉장히 당황했다. 물론 해석기관이라는 주제를 다루는 매우 정교하고 기술적인 연구는 많다. 몇 가지 작은 장치나 다른 것들의 정사영 도해들, 놋쇠 1센티미터 당 낼 수 있는 힘의 크기에 대한 분석 정보 등은 있었지만, 그중 무엇도 내가 정말로 보고 싶은 것, 즉 5미터 크기의 거대한 톱니바퀴 컴퓨터가 빤히 응시하고 있는 그림은 제공하지 않았다. 그래서 나는 스스로 하나를 그려야만 했다.

다음 구상화는 작고한 배비지 연구학자인 앨런 G. 브롬리의 귀중한 논문의 도움을 받아 배비지의 설계도를 보고 구성한 것이다.

해석기관

플랜 25.

이것은 1840년대 초반의 배비지의 설계도를 보고 구축한 해석기관이다.

❶ 저장장치 : 하드 디스크 혹은 메모리
❷ 제작장치 : 중앙처리장치
❸ 증기기관 : 동력
❹ 인쇄기 : 돌아선 반대편에 위치
❺ 명령카드 : 프로그램
❻ 변수카드 : 주소 지정 방식
❼ 숫자카드 : 숫자 입력 용도
❽ 배럴 컨트롤러 : 마이크로프로그램(중앙처리장치가 하는 일련의제어 기능을 위해 만들어진 프로그램—옮긴이)

2
4
6
7
5
8
8
8

자동 계산기

이러한 기관의 작동에 수반하는 고려사항들은 상호 굉장히 복잡하고 다채로울 것이 분명하다. 여러 다른 일련의 효과들이 전부 상호 독립적인 방식으로, 하지만 정도의 차이는 있더라도 다소나마 서로에게 영향을 발휘하면서 빈번히 동시에 진행될 것이다.

— 에이다 러브레이스, 『해석기관 개요』에 대한 주석에서.

나는 여러분에게 해석기관을 설명할 생각인데, 다소 복잡할 것이다.

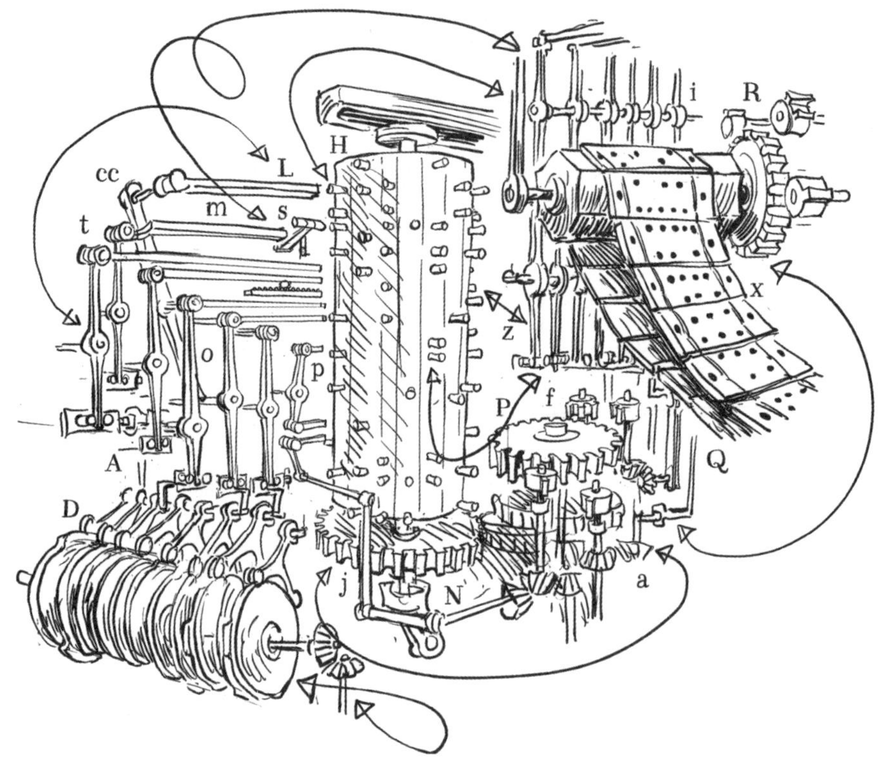

해석기관에 대해 가장 먼저 이해해야 하는 사항은 이 기관이 1800년대 초반에 급증하던 종류의 기계장치에 속한다는 점이다. 즉 '자동식 기계'* 말이다. 1800년에서 1840년 사이에는 스스로 회전하고 스스로 멈추고 스스로 가봉하고 스스로 적응하는 등등의 기계가 많이 발명되었다. 나는 배비지가 자기 기관에 대해 이 용어를 사용한 경우를 발견할 수 없었지만, 1841년에 세즈윅 양은 이렇게 보고했다.

나는 조찬 모임에서 배비지 씨 옆자리에 앉게 되어 기뻤다. 우리 사이에서 그의 이름은 자동식 계산기의 발명가로 매우 유명하다. 그는 마치 과학, 또는 그밖에 자신이 조사하려고 선택한 어떤 것이라도 꿰뚫어보는 듯한 아주 비범한 눈을 가지고 있다.

산업혁명 당시 최초의 '자동식' 기계는 제임스 와트의 원심조속기라고 한다. 이 기계는 원

* "자동식self—acting"이라는 표현을 맨 처음 사용한 때는 1740년, 조지 체인이 "유기적인 동물의 신체를 부차적인 자동식 동인의 영향 없이 단순한 기제로만 설명할 수 없다"고 조급하게(나중에 드러났듯이) 선포했을 때로 거슬러 올라간다.

형으로 회전하는 작은 장치로서, 고전적 증기기관에 비해 복잡하고 혁신적으로 보였을 터다. 배비지가 1832년에 모든 종류의 기계를 백과사전식으로 조사한『기계와 제조업의 경제학에 관하여』에서 말했듯이, "그 (스스로 다스리는) 기계가 등장하는 첫 번째 삽화는 증기기관의 관리자인 저 아름다운 장치로, 이 경탄스런 기관에 익숙한 모든 사람이라면 즉시 그 기관을 떠올릴 게 틀림없다."

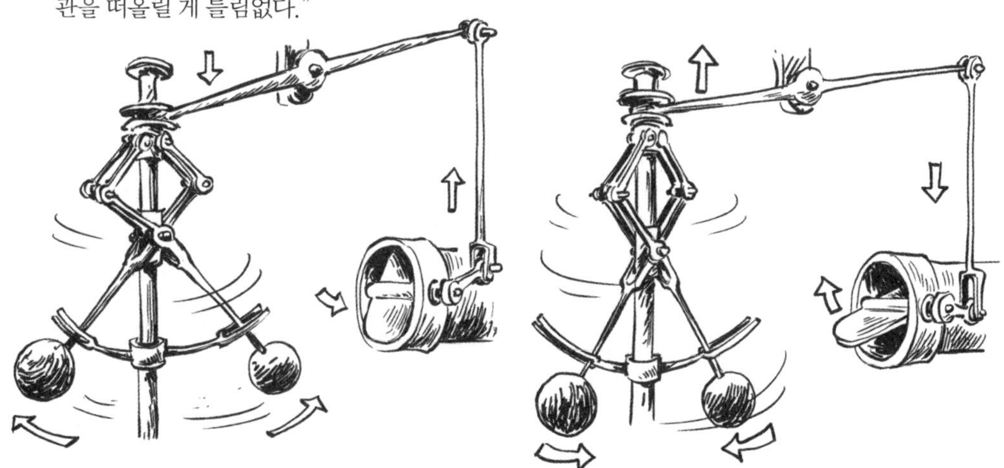

엔진이 속도를 높일수록, 공이 원심력에 의해 바깥쪽으로 던져져서 고리 아래쪽으로 가위처럼 움직이며 증기 통로를 막는다. 이것이 이 장치가 '조절판(목을 조른다는 의미도 있음)'이라고 불리는 이유다. 이 장치는 엔진의 속도를 늦춘다. 속도가 늦춰질수록, 공은 더 낮게 떨어져 증기가 더 많이 들어갈 수 있도록 밸브를 다시 연다. 그건 그렇고 "볼즈 아웃(balls out, 극히 뛰어나다는 뜻)"이라는 표현은 이 원리에서 왔다.

차분기관은 본질적으로 숫자를 열 아래쪽으로 하나씩 추가하여 계산기처럼 끝에서 합계를 출력하는, 길게 줄지어 선 기어들이다.

1834년 무렵, 어떤 생각이 배비지의 마음을 점점 사로잡고 있었다. 만약 맨 아래쪽에서 나온 합계를 기관으로 피드백하여 그것을 계산할 수 있다면, 더 복잡한 계산을 수행할 수 있지 않을까?

그가 자기 말마따나 "제 꼬리를 잘라 먹는" 이 기계를 만들 수 있을까?

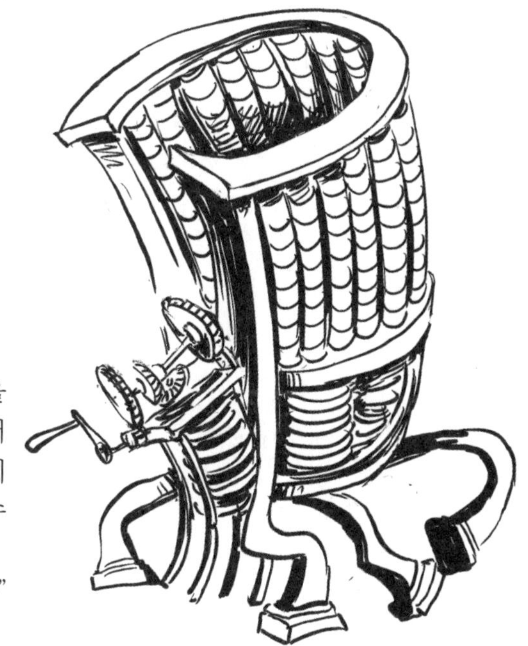

마음속에서, 해석기관은 자신의 꼬리를 잘라 먹는 덧셈 기계였다. 한쪽 끝에 있는 복잡한 배열의 기어들이 카드와 배럴의 통제를 받으며 합계를 수행하고, 그 결과를 다른 쪽 끝에 있는 '저장장치'(우리가 메모리라고 부르는 것) 기어로 이루어진 긴 열로 넘겨준다. 나는 이 과정을 하나씩 찬찬히 검토할 예정이지만 방금 말한 바가 이 기계들이 모두 함께 작동하는 방식이다.

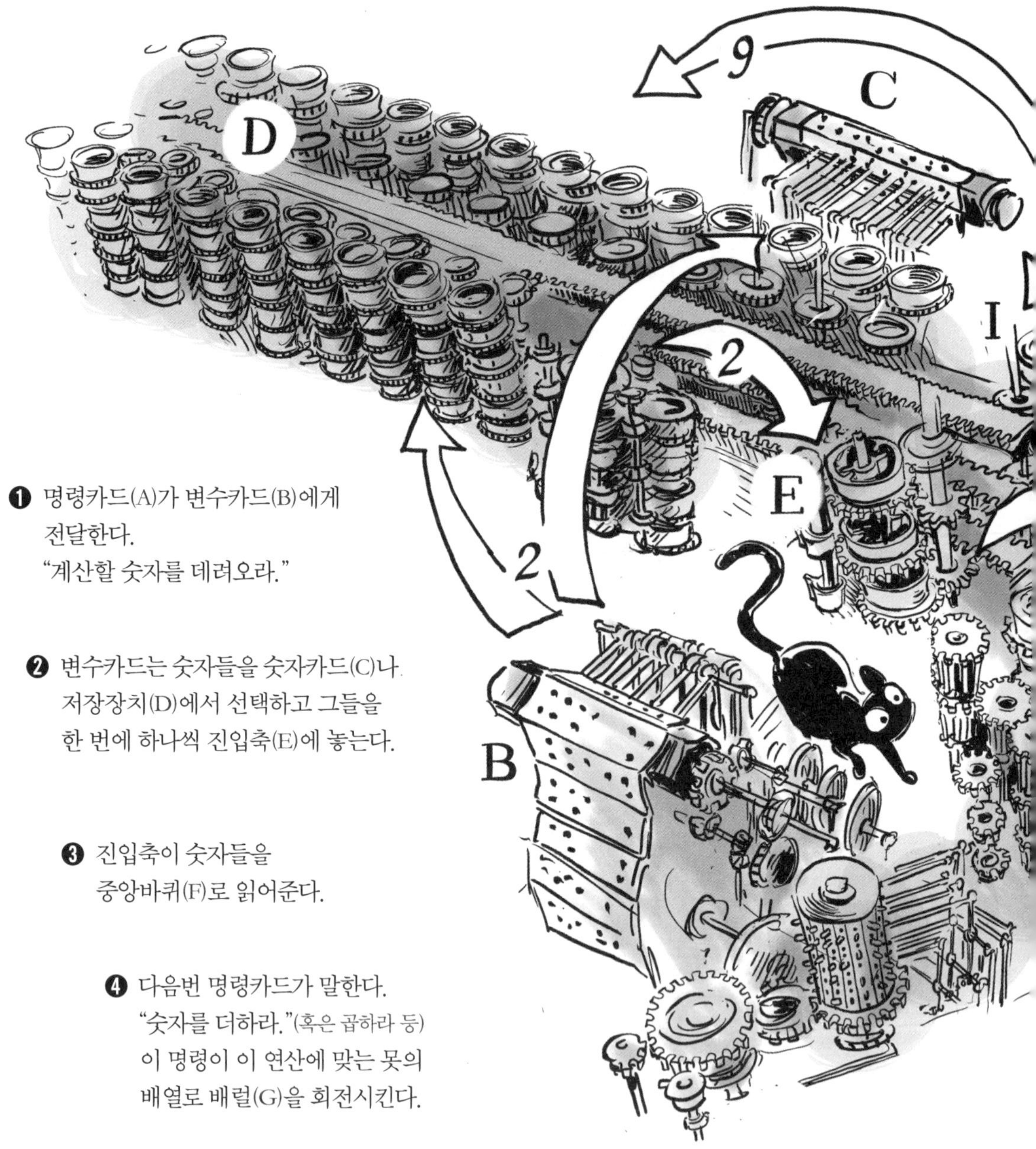

9
C
D
I
2
E
2
B
❶ 명령카드(A)가 변수카드(B)에게 전달한다.
"계산할 숫자를 데려오라."
❷ 변수카드는 숫자들을 숫자카드(C)나 저장장치(D)에서 선택하고 그들을 한 번에 하나씩 진입축(E)에 놓는다.
❸ 진입축이 숫자들을 중앙바퀴(F)로 읽어준다.
❹ 다음번 명령카드가 말한다.
"숫자를 더하라."(혹은 곱하라 등)
이 명령이 이 연산에 맞는 못의 배열로 배럴(G)을 회전시킨다.

해석기관은 무게가 수 톤에 달하며, 아마 진짜 건축술도 필요하겠지만, 우리는 이것을 모든 비트들이 함께 일하는 방식이라는 의미로 '컴퓨터 건축'이라고 부른다. 이 도해는 이 기계에 대해 가장 기본적인 것만 언급한 개요로서 여러 층으로 나눠 필수 구조로 단순화한 형태다. 나는 그중에서도 모든 일을 추진하는 캠(회전운동을 왕복운동으로 바꾸는 장치—옮긴이, 대개 모든 기어 장치의 아래쪽에 있다)과 모든 부분이 서로 보조를 맞출 수 있게 해주는 잠금 장치의 복잡한 네트워크를 생략했다.

❺ 배럴이 레버를 움직여서 필요한 제작장치의 기어(H) 배열을 중앙바퀴에 연결한다. 덧셈, 곱셈, 자릿수 올리기와 다른 간단한 연산을 수행하는 개별 장치들이 있다.

❻ 제작장치의 기어들이 숫자를 곱하고 더하는 등의 일을 한다.

❼ 제작장치는 결과에 따라서, 연산이 순환될 필요가 있을 때 배럴에 지시사항을 피드백하거나 카드의 다른 섹션으로 옮겨갈 수 있다.

❽ 결과를 얻는다! 출구축(I)이 결과를 판독한다.

❾ 출구축이 변수카드에게 지시받은 대로 저장장치(혹은 인쇄기)에 결과를 읽어준다.

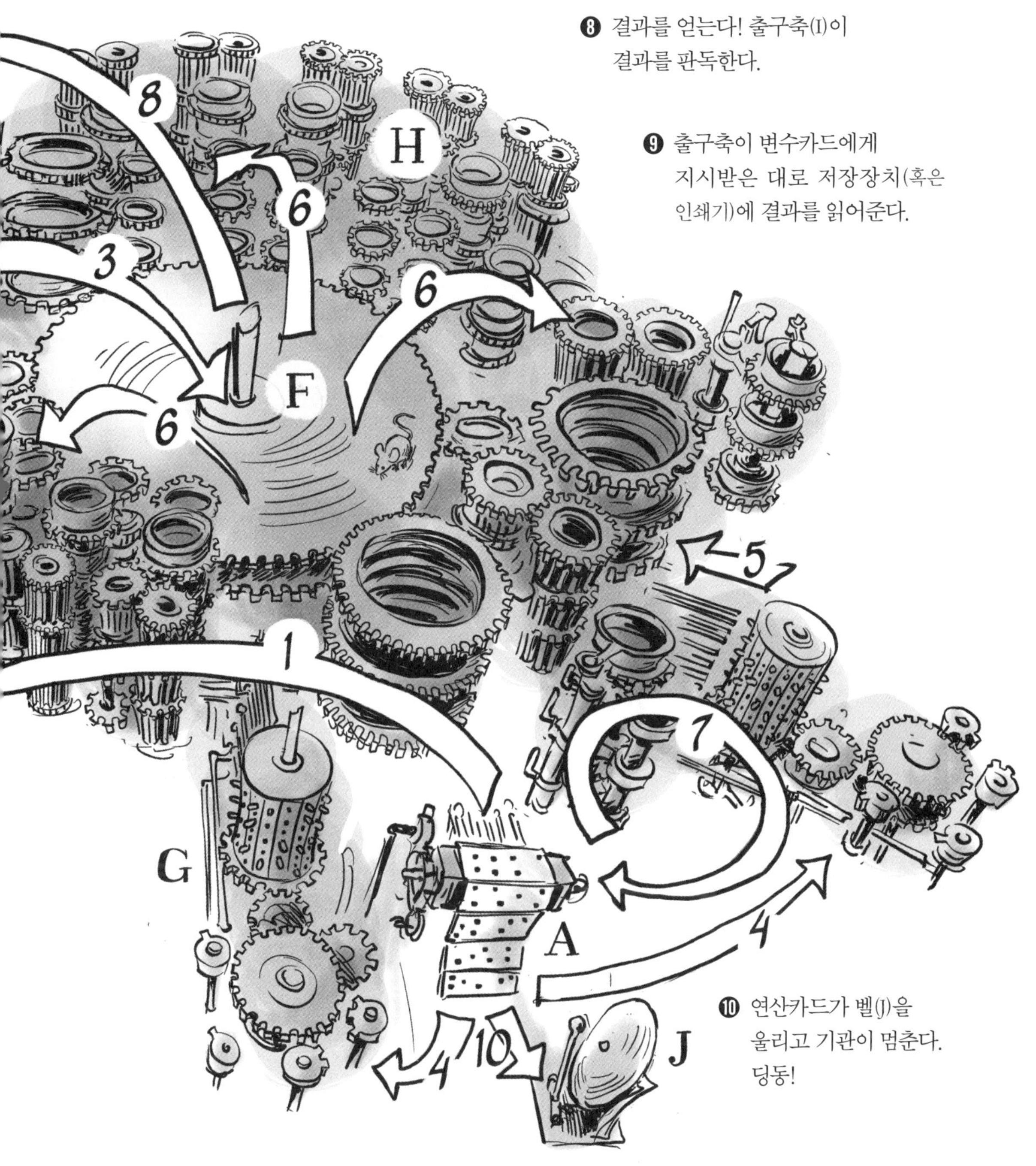

❿ 연산카드가 벨(J)을 울리고 기관이 멈춘다. 딩동!

메모리: 저장장치

데이터 저장은 컴퓨터의 첫 번째 요건이다. 배비지는 자신의 방식을 저장장치라고 불렀다. 저장장치는 기관의 대부분처럼, 바퀴를 쌓아올린 높은 기둥들로 구성된다. 각 기둥은 50개에 달하는 숫자 중 한 숫자를 의미한다. 맨 꼭대기에 있는 바퀴는 숫자가 음수인지 양수인지를 가리킨다.

배비지의 숫자바퀴, 실제 크기

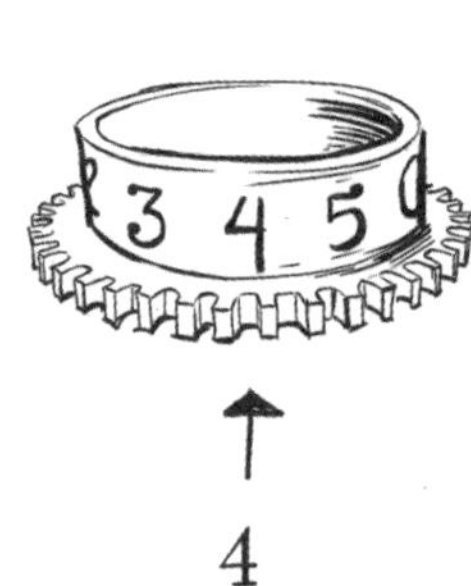

4

704

배비지는 해석기관이 숫자를 소수점 이하 50자리까지 계산하길 의도했다. ("과학의 수요가 이 한계를 넘어서려면 오랜 시간이 지나야만 할 듯하다.") 그것이 기계가 그렇게 큰 이유다.(실제 기둥은 여기 나타낸 것보다 두 배 더 크다. 각 숫자가 쌓여있는 바퀴 두 개에 저장되기 때문이다. 그렇게 해서 숫자를 판독할 뿐만 아니라 저장할 수도 있다.) 많은 컴퓨터 역사가들이 이 소수자리 수가 터무니없이 크다는 데 나와 의견을 같이한다.

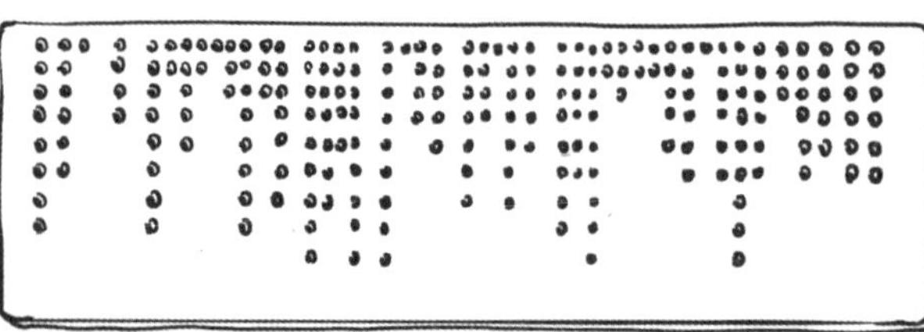

숫자들은 숫자카드라고 불리는 전문화된 천공카드 위에 뚫린 구멍의 패턴으로도 저장될 수 있다.

8610408252138370975909145
0741750869232256169636566

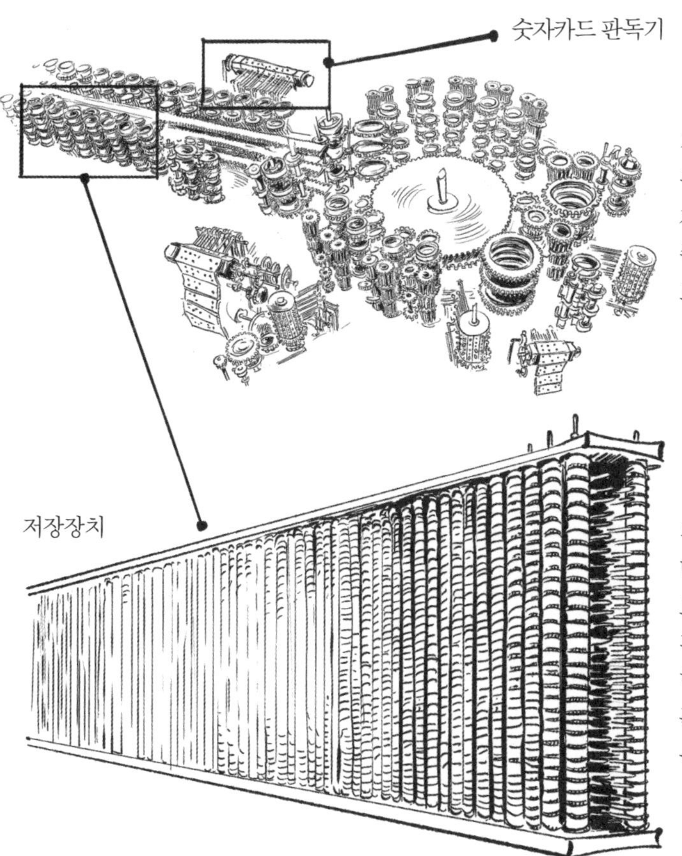

그의 1840년대 설계도에서는 저장장치가 평행한 키 큰 기둥 두 열로 구성되며 각 기둥은 숫자 한 개씩 보유한다. 그것은 한쪽 끝에서 제작장치로부터 정보를 얻는다.

배비지의 설계도는 저장장치의 긴 숫자 기둥의 열이 페이지 너머까지 막연히 뻗은 모습을 보여준다. 그는 최종 설계에 정확히 얼마나 많은 숫자들을 포함할지 구체화하지 않았다. 모든 사람들이 더 많은 저장공간을 원한다!

현대의 컴퓨터는 이진수를 사용하여 전체를 상당히 간소화하고 줄여놓았다. 이진법은 1과 0으로 대표되는 두 가지 '상태'로 명확히 정의할 수 있는 것이면 무엇이든 자료로 저장할 수 있다.

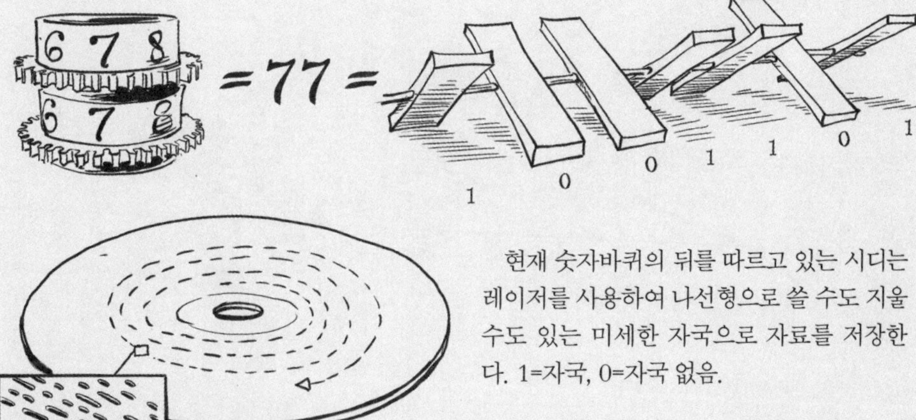

현재 숫자바퀴의 뒤를 따르고 있는 시디는 레이저를 사용하여 나선형으로 쓸 수도 지울 수도 있는 미세한 자국으로 자료를 저장한다. 1=자국, 0=자국 없음.

하드 디스크에서처럼, 자기저장장치는 자기화된 입자들의 극성을 뒤집는 데 의존한다.

이것을 쓸 때 데이터 1비트는 12개의 원자들로 저장될 수 있지만…

… 그림으로 표현할 방법이 없다.

데이터 전송 :
랙과 변수카드들

저장장치에서 숫자를 꺼내어 계산에 사용하고자 기관으로 보내기 위해, 배비지는 랙(Rack)이라는 톱니모양 장치로 이루어진 기어들을 사용했다. 피니언 기어들이 저장장치에서 선택된 기둥에 있는 각 숫자바퀴를 랙으로 연결하고 랙은 그들을 진입축이라고 불리는 제작장치와 저장장치 사이에 있는 기둥으로 보낸다.

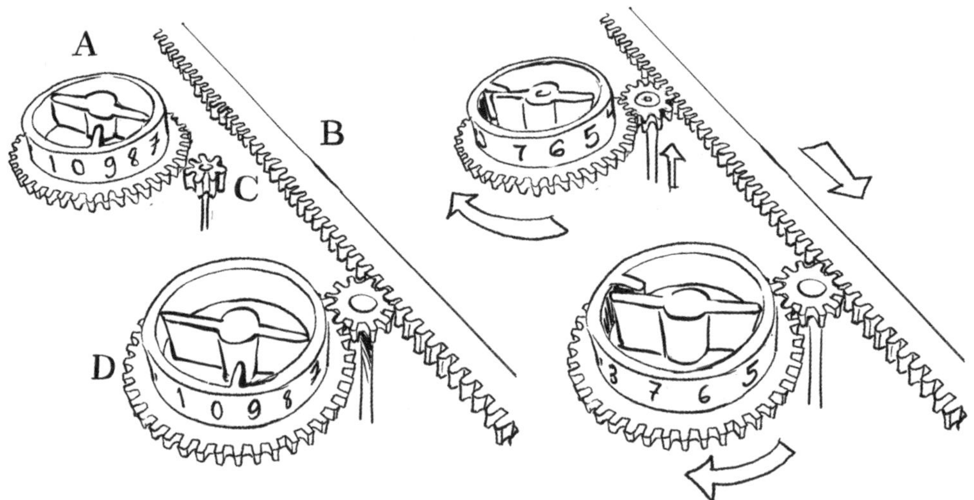

저장바퀴 A는 피니언 C에 의해 랙 B와 연결된다. 저장바퀴를 0으로 만들며 진입축 D를 저장바퀴에 있는 숫자와 같은 숫자까지 돌린다.

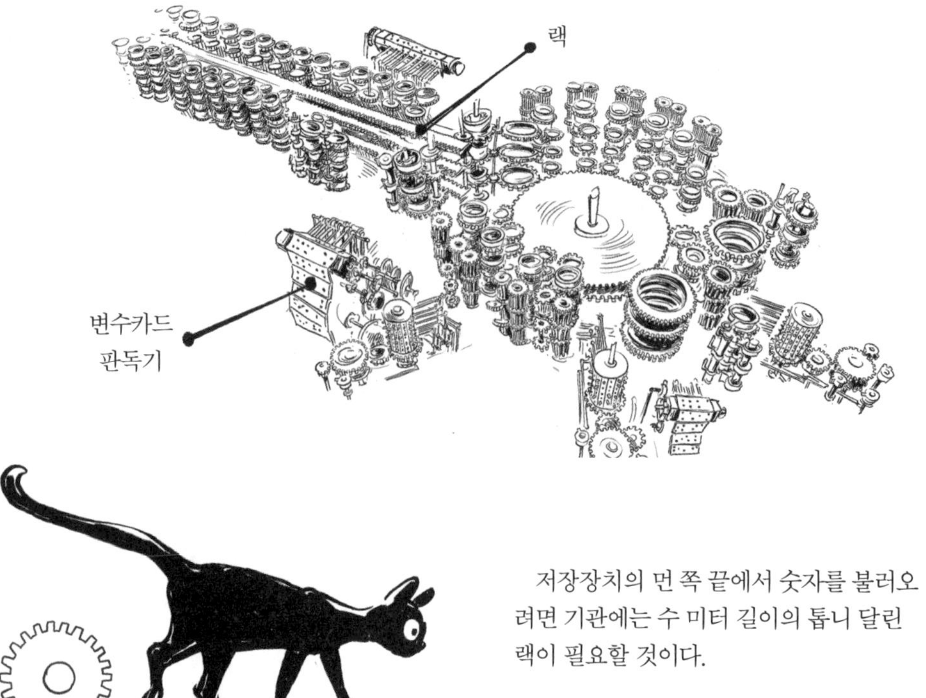

저장장치의 먼 쪽 끝에서 숫자를 불러오려면 기관에는 수 미터 길이의 톱니 달린 랙이 필요할 것이다.

변수카드들은 저장장치에 주소를 보유하고 그 주소에서 숫자들을 선택한다. 숫자카드에서 숫자들을 데려오도록 프로그래밍 할 수도 있다.(프로그래머가 이 카드들이 프로그램 자체와 분리된 이유를 궁금해 할 수도 있다. 이는 기계 내에서 몇십 센티미터 떨어진 곳에도 작용할 필요가 있기 때문이다.)

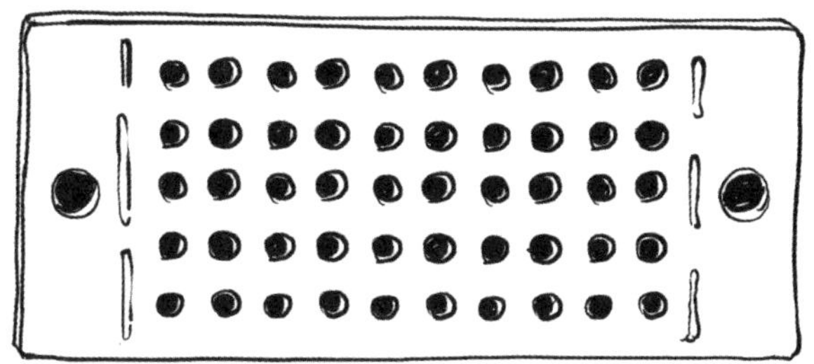

변수카드에 있는 '주소'는 특정한 레버를 작동시키는 일련의 구멍들이다. 이 도해에서는 예를 들면 단 한 개가 있다.

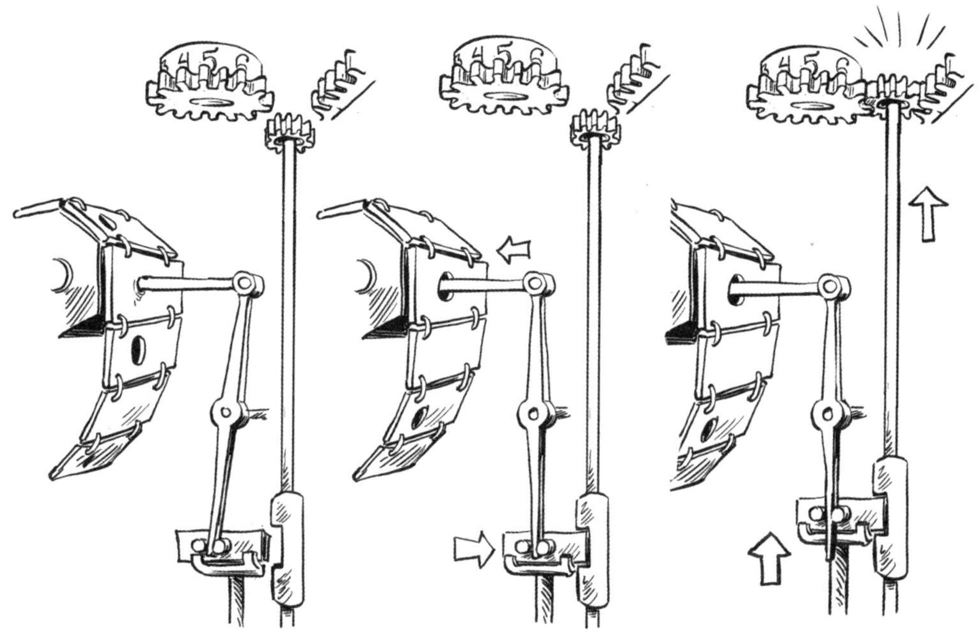

만약 천공카드에 구멍이 없으면, 레버는 활성화되지 않는다. 만약 구멍이 있으면 레버가 그 카드 위에 특정 장소와 짝지어진 피니언을 기관의 매 사이클마다 위로 움직이는 브래킷에 연결한다. 브래킷은 피니언을 가져가서, 랙과 진입바퀴를 연결하기 위해 위로 들어올린다.

현대의 컴퓨터에서는 회로판을 장식하는 케이블이나 은빛으로 세공된 전도체 외에는 데이터 전송에 관해 그릴 게 많지 않다.

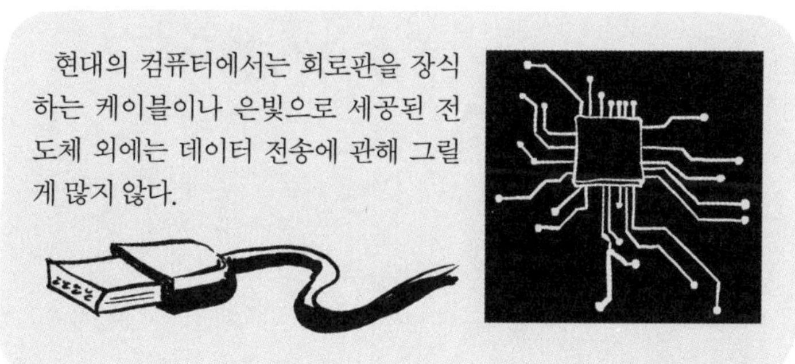

계산 : 제작장치

일단 숫자들을 제작장치에 넣으면, 기관의 실제 업무가 시작되고 이는 전체적으로 상당히 단순한 산술로 여러 번 반복된다. 러브레이스는 톱니와 기어 구조 내부에 숨겨진 기호와 일반 정보를 다루는 기계를 보았지만, 이 톱니와 기어에 관한 배비지의 압도적 관심사는 숫자를 고속으로 처리하는 일이었다.

배비지는 덧셈·뺄셈·곱셈·나눗셈을 위한 개별 기제들을 많이 설계했다. 그러나 나는 그중에서 그가 단연코 좋아했던 기제 하나만으로 여러분을 성가시게 할 작정이다. 예상 운반자가 그것인데, 바로 덧셈에서 자릿수를 올리는 데 쓰이는 지나치게 복잡한 장치다.

배비지는 자신의 기관을 설명하는 출판물에서 기계적 표현이 아니라 공상적 의인화, 예를 들면 기관이 "요구한다" "필요로 한다" "~하게 마련이다" "알고 있다" "발견한다" 등으로 표현하는 다소 못마땅한 습관이 있었다. "예견하는 능력이 있으며 그 선견지명에 따라 행동한다." 예상 운반자에 대해서는 이렇게 설명했는데, 사실 어느 정도는 실제로 그랬다! 예상 운반자는 놀랍도록 영리하기도 하다.

자릿수를 하나 올리기 전에, 숫자들을 더해야만 한다는 것은 명백한 사실이다. 기본적 가산기는 상당히 단순한 원리다.

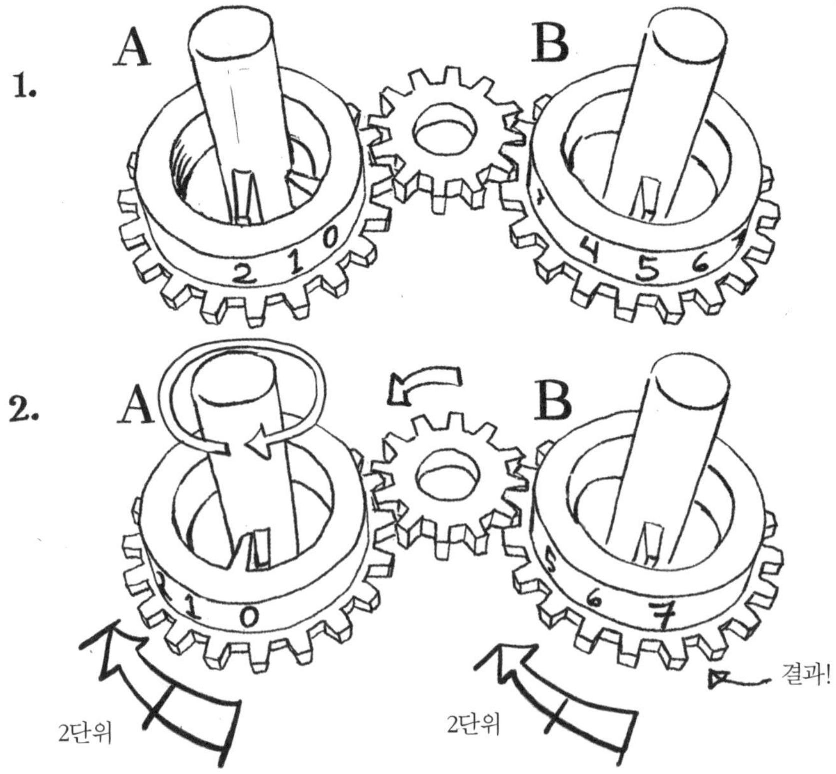

첫 번째 숫자를 가진 바퀴 A는 내부에서 밖으로 나온 작은 플랜지(관과 다른 기계를 연결할 때 쓰는 부품—옮긴이)와 연결돼 있다. 그것이 놓인 축은 0에서 플랜지와 연결돼 있다. 기어를 선택된 숫자까지 회전하여 숫자를 설정한다. 바퀴는 0으로 되돌아가기 위해 축을 돌려서 균형을 맞출 수 있다.

두 번째 숫자는 바퀴 B 위에 놓여 있는데 바퀴 A에 연동돼 있다. 첫 번째 바퀴를 0으로 만들면 바퀴 A에 있는 숫자가 무엇이든 바퀴 B에 더해질 것이다.

아래 문제를 풀어야 한다고 가정해보자.

$$
\begin{array}{l} 1894\ + \\ 3184 \end{array}
$$

만약 산수에서 일등 했던 기쁨을 돌이켜 본다면, 까다로운 문제가 자릿수 올리는 일임이 떠오를 것이다. 두 숫자들을 기관에 있는 것처럼, 기둥에 설정하면서 만약 당신이 각 열을 차례로, 즉 1의 자릿수를 더한 뒤 10의 자릿수, 그 뒤 100의 자릿수 등등을 더하면, 자리올림이 없을 때도 있고 한 자리를 올리기도 하며 당신이 얻은 숫자는 겨우 9이므로 자리올림이 있는 것처럼 보이지 않지만 아래 열에서 1이 더해져 자리올림이 일어나기도 한다.

자릿수를 올리기 전의 합계

↓

1 + 3 = 4　　1 = 5　자리올림 생성

8 + 1 = 9　1　= 0　일반적 자리올림

9 + 8 = 7　　　= 7　자리올림 없음

4 + 4 = 8　　　= 8

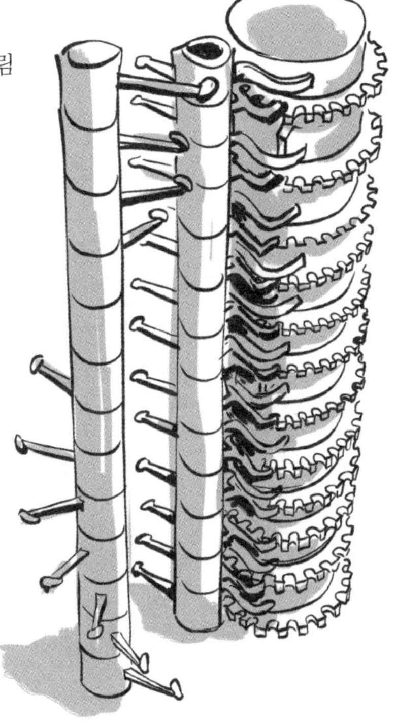

만약 당신이 차분기관이 작동하는 모습을 본다면(차분기관을 갖고 있지 않아도 인터넷 상에 그에 대한 뛰어난 동영상들이 많다), 기계의 뒤 쪽을 재빨리 훑으며 잔물결을 일으키는 자리올림 암arms의 나선형 손가락들이 얼마나 아름다운지 감명 받을 것이다. 그들은 나선형으로 존재한다. 자리올림이 일어났는지를 바닥에서 꼭대기까지 각 자릿수마다 확인하면서 성공적으로 자리올림을 수행하기 위해서다.

(모든 장치들을 다 설명할 수는 없다. 이 장치가 아래쪽에서 위쪽으로 한 번에 하나씩 자리올림을 한다는 말을 그냥 믿어 달라.)

이 작업을 하는 데 몇 초가 더 걸린다. 이렇게 잃은 시간이(차분기관은 오직 그림 속에서만 존재하기 때문에, 이것은 뭐랄까, 가상의 시간이다) 배비지를 괴롭혔다. 기계가 실제로 존재하지도 않았고 존재하리라는 어떠한 전망도 보이지 않았지만, 그는 해석기관에서 자릿수를 올리는 더 빠른 방법을 발명하기로 결심했다. 그는 자서전에서 이 이야기를 들려준다.

찰스 배비지 진정한 모험!! 예상 운반자의 미스터리!

「어느 철학자의 인생에서 듣는 이야기들」에서 그가 직접 말한 내용

나는 그저 기관이 앞을 내다보고 그 선견지명에 따라 행동하도록 가르치는 일만이 내가 원하던 목표, 즉 한 단위 시간 안에 자리올림을 무제한으로 완전하게 해내는 목표로 이끌어줄 수 있으리라고 분명히 말했다.

이제 내 견해에 대한 설명을 시작하려고 한다. 나는 곧 이 견해를 깨달았지만 내 조수는 거의 이해하지 못했다. 그다지 놀랍지 않은 일이다. 시도 과정에서 내 설계도의 여러 결함들을 발견했기 때문이다.

✿ 배비지는 해석기관 작업을 함께할 조수를 한두 명 두었다. 그들의 임금은 자신의 상당한 재산에서 지불했다. 필딩은 자신의 아들인 사진술 개척자 윌리엄 탤벗에게 쓴 편지에서 이렇게 보고한다. "그는 연간 400파운드를 자신의 조수 혹은 조수들에게 지불하고 그들 중 한 명에게 그 일을 할 수 있도록 어쩔 수 없이 수학을 가르친다고 말한단다." 이 금액은 한 사람이 받기에는 지극히 후한 연봉일 것이다. 브루넬은 자신의 두 조수들이 "연간 300파운드를 받으며 호화롭게 지낸다"고 묘사했다. 따라서 조수가 두 명이거나 한 명이라면 찰스 배비지에게 후한 봉급과 가르침을 받는, 배 아플 만큼 부러운 사람일 것이다.

나는 과학박물관에 있는 깔끔하게 정돈된, 커다란 해석기관 설계도에 쓰인 매우 또렷하고 아름다운 필적이 분명 배비지의 것은 아니라고 확실히 진술할 수 있다.

수년 후, 그는 내가 서고로 물러나자마자 내 지능이 산란해지기 시작한 게 아닌지 심각하게 생각했다고 내게 말했다.

어쩌면 독자들은 이 놀라운 날의 여가를 내가 어떻게 보냈는지 궁금해 할지도 모른다.
… 나는 파크레인 가에 있는 친구 집에서 만찬을 들었다. 최근 성과를 언급하면서 나는
그 일이 최상의 샴페인조차 적수가 될 수 없을 만큼 영혼을 흥분시켰다고 말했다.
그렇게 과학을 잊고 네다섯 시간 동안 사회생활을 즐긴 뒤 집으로 돌아왔다.

한 시쯤 잠자리에 들어서 다섯 시간 동안 계속 잤다.

✿ 자서전의 다른 부분에서 배비지는 자신의 예상 운반자를 수년에 걸쳐 완벽하게 만드는 일에 대해 말한다. 그러므로 당신이 발명품을 완성하려고 고군분투하고 있다면 상심하지 말라.

✿ 나는 식당 구석 자리에, 화가의 재량으로, 러브레이스를 그려 넣었다. 배비지는 1834년 10월에 그 구상이 떠올랐다고 말한다. 그때 에이다는 열아홉 살이었고 막 결혼을 한 상태였다. 그때는 해석기관 개발의 아주 초기 단계로 배비지와 러브레이스는 아직 친밀한 사이가 아니었다.

이것은 배비지가 자신의 가상 기계에서 자리올림이 일어날 때마다 이삼 초를 절약하기 위해 생각해낸 배열이다. 이 도해는 배비지의 설계를 과감하게 단순화한 것이다. 배비지의 설계도는 기발한 이러저러한 사항들로 가득 차 있어서 무슨 일이 벌어지고 있는지 알아보기가 극히 어렵다. 예를 들면 이 기계는 뺄셈에서 자릿수를 내림할 수도 있다.

자리올림을 하지 않은 합계바퀴(A)가 최종 합계바퀴(B)에 맞춰 조정된다. 그래서 그들은 같은 숫자를 읽는다. 만약 합계바퀴가 덧셈을 하는 동안 0을 지나쳐 자릿수를 하나 올리는 일이 필요하면 예고 레버(C)를 작동시켜서 예고 브래킷(D)을 자리올림 장치(E) 아래로 이동시킨다. 만약 자리올림을 하기 전에 합계가 9이면 예견 암(F)이 자리올림 장치와 자리올림 기어(G) 사이에 자리를 잡는다.

(당신은 배비지의 조수가 다소 어찌할 바 몰라 한 이유를 이해할 수 있다.)

원래 문제로 되돌아가 보면 어떻게 이 일이 일어나는지 알 수 있다.

자릿수를 올리기 전의 합계

1894 +
3184

1 + 3 = 4	1 = 5	자리올림 생성
8 + 1 = 9	1 = 0	일반적 자리올림
9 + 8 = 7	= 7	자리올림 없음
4 + 4 = 8	= 8	

그래서 만약 바퀴가 9를 읽으면, 못이 달린 암은 그 간격을 메우는 위치에 있을 것이다. 만약 아래쪽 바퀴에서 자리올림이 있으면, 그리고 바퀴가 9에 있으면, 자릿수를 하나 올릴 것이다.

우리는 최초의 덧셈은 수행됐지만 자리올림은 일어나지 않았을 때, 주인공의 톱니바퀴에 합류한다.

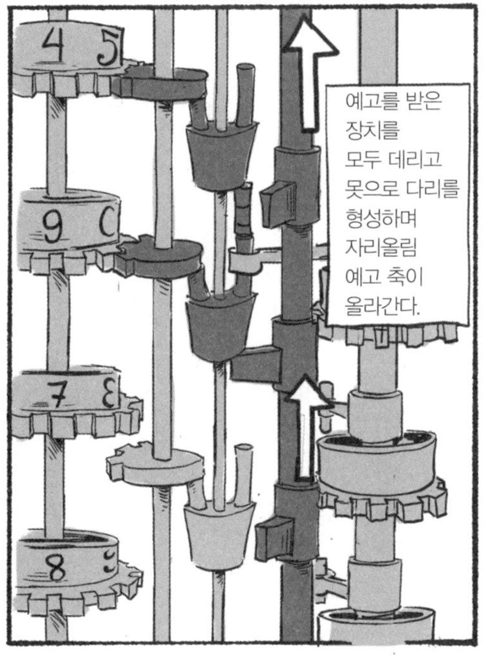

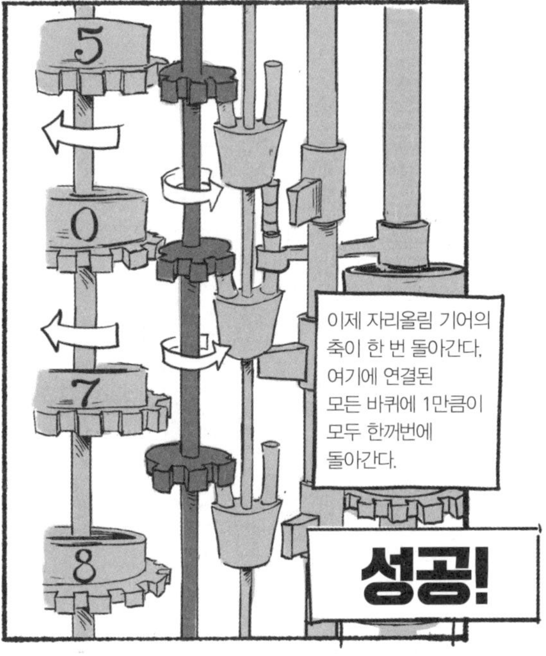

프로그램들

우리가 '프로그램'으로 이해하는 것은 이 위에 존재한다.

명령카드

러브레이스의 분야에 걸맞게도, 명령카드는 이 기관의 귀족이다. 그들은 대체로 진짜 일을 하는 기계에 직접 작용하지 않는다. 대신 아랫사람(배럴과 변수카드)으로 하여금 그들의 부하(제작장치와 저장장치)에게 덧셈과 곱셈 혹은 프로그램이 지시하는 것은 무엇이든 수행하기 위해 기어들을 정확히 배열하도록 지시하라는 명령을 내린다.

아주 간단한 덧셈을 하는 데에도 많은 기계가 관여한다. 그래서 명령카드에 있는 레버 하나가 가장 큰 배럴에 의해 활성화되는 80개 레버들의 어떤 배열도 지시할 수 있다.

카드는 배럴을 다른 섹션에서 다른 레버를 향하도록 회전시켜서 작동한다. 배럴의 각 섹션마다 못의 배열이 달라서 다른 레버를 활성화한다. 어떤 면에서 명령카드는 변수카드처럼 데이터보다는 작업을 위한 주소를 보유한 번지 지정 방식이다.

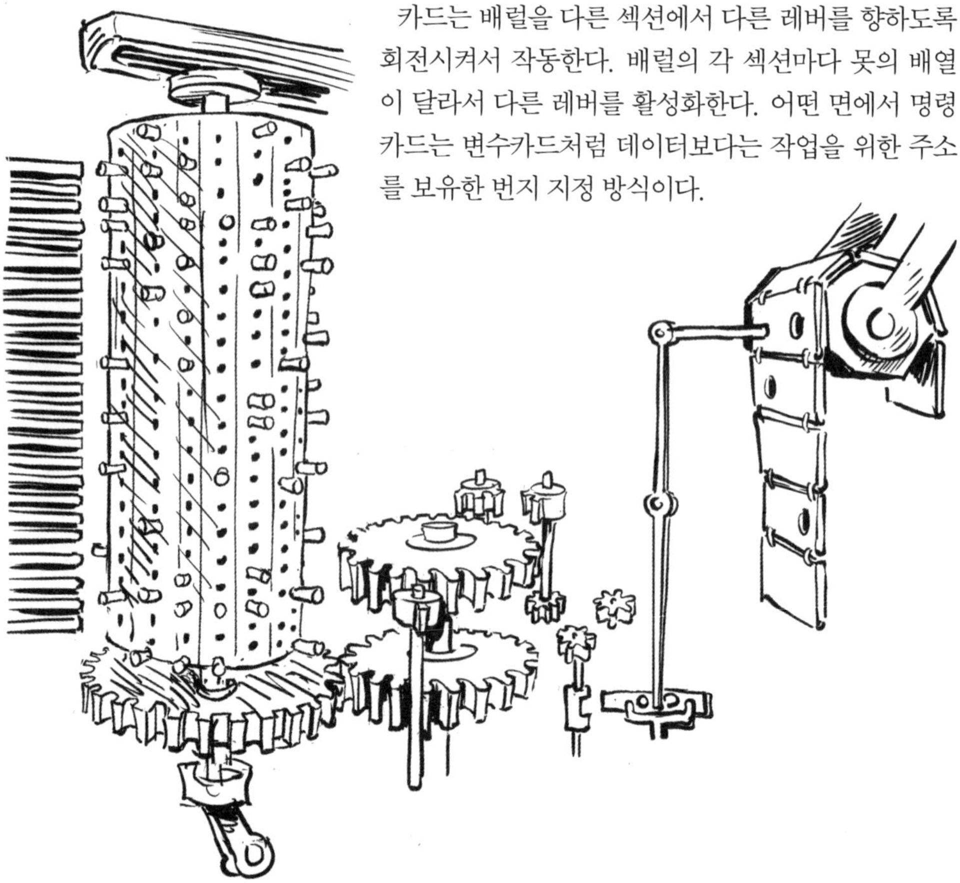

배럴은 배비지를 심하게 괴롭혔던 배럴 오르간(손풍금)과 아주 비슷해 보이지만 다소 다르게 작동한다. 그들은 끊임없이 돌아가기보다는 특정 위치까지 회전해서 멈춘 뒤 레버들을 모두 한 번에 밀면서 앞으로 누른다.

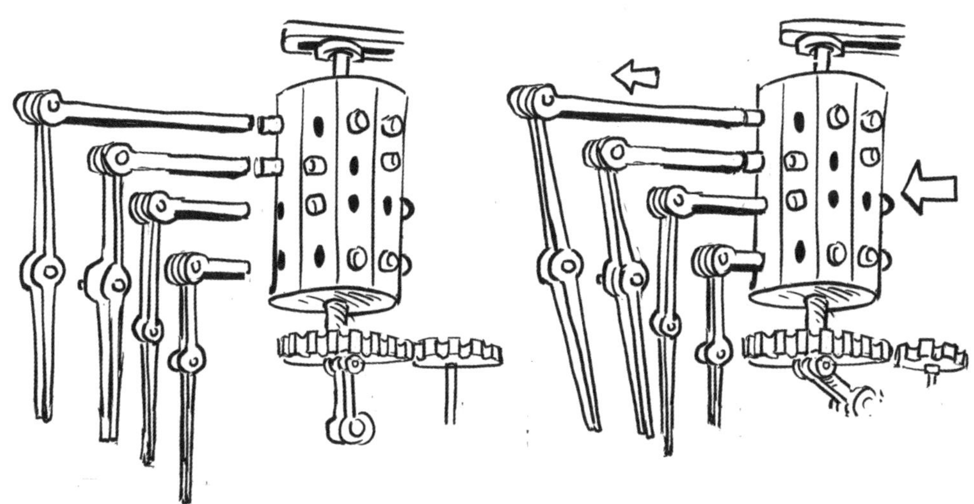

명령카드는 배럴뿐만 아니라 변수카드도 제어한다. 프로그램을 구성하는 일련의 카드들이 이런 모습일지도 모른다.(나는 구멍이 구체적으로 어디에 뚫렸는지 정말로 알지는 못한다. 그러므로 당신의 해석기관에 이 변수카드를 시도해보지는 말라.)

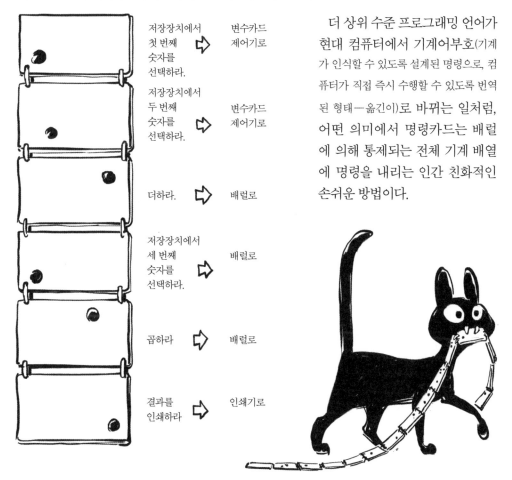

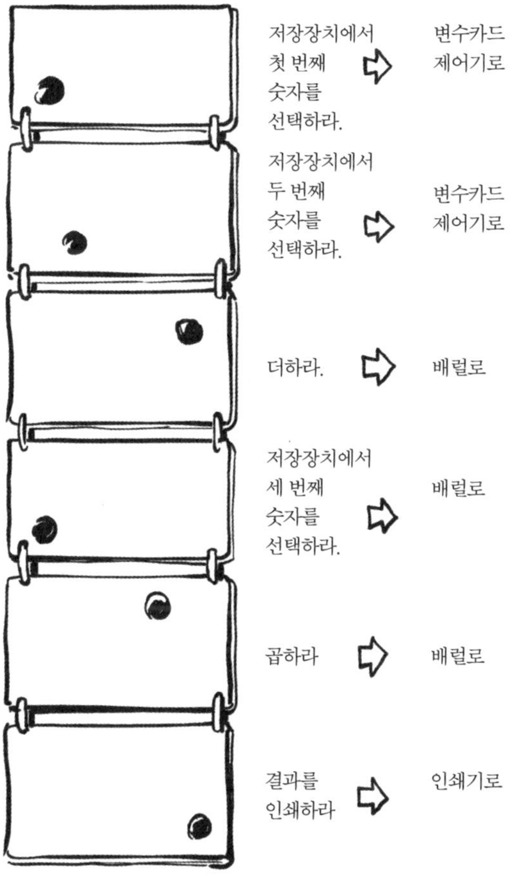

명령		대상
저장장치에서 첫 번째 숫자를 선택하라.	⇨	변수카드 제어기로
저장장치에서 두 번째 숫자를 선택하라.	⇨	변수카드 제어기로
더하라.	⇨	배럴로
저장장치에서 세 번째 숫자를 선택하라.	⇨	배럴로
곱하라	⇨	배럴로
결과를 인쇄하라	⇨	인쇄기로

더 상위 수준 프로그래밍 언어가 현대 컴퓨터에서 기계어부호(기계가 인식할 수 있도록 설계된 명령으로, 컴퓨터가 직접 즉시 수행할 수 있도록 번역된 형태—옮긴이)로 바뀌는 일처럼, 어떤 의미에서 명령카드는 배럴에 의해 통제되는 전체 기계 배열에 명령을 내리는 인간 친화적인 손쉬운 방법이다.

천공카드

1850년, 자카르 카드

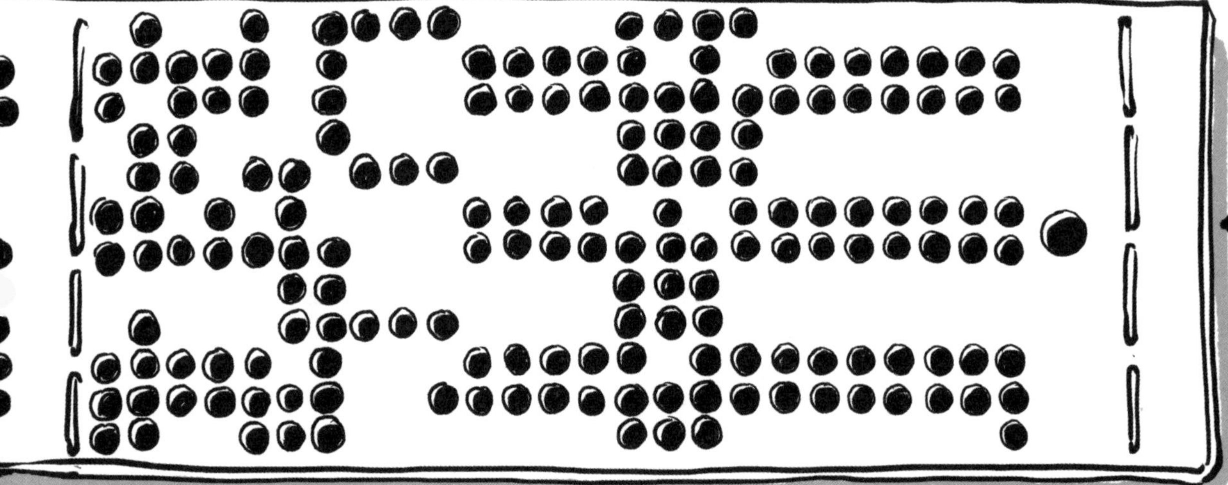

1890년, 미국 인구조사 카드

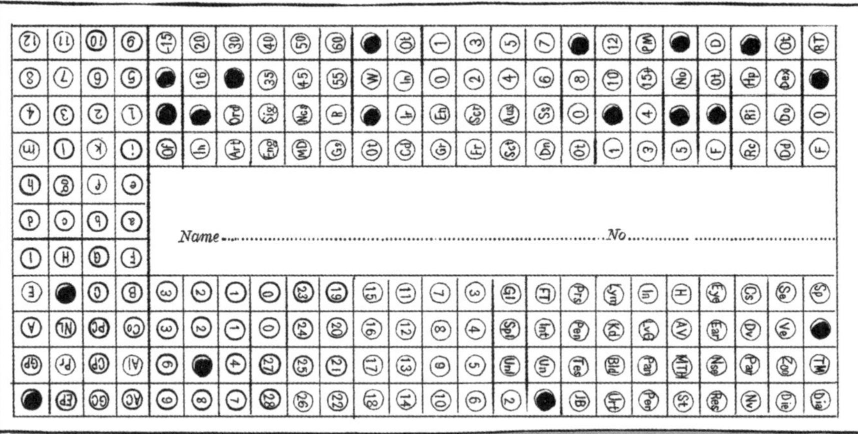

1955년, IBM 80—컬럼 카드*

* 어떤 천재가 1932년에 사각형 구멍을 사용하면 카드 위에 더 많은 데이터를 표시할 수 있다는 걸 깨달았다.

1943년, 콜러서스* 테이프

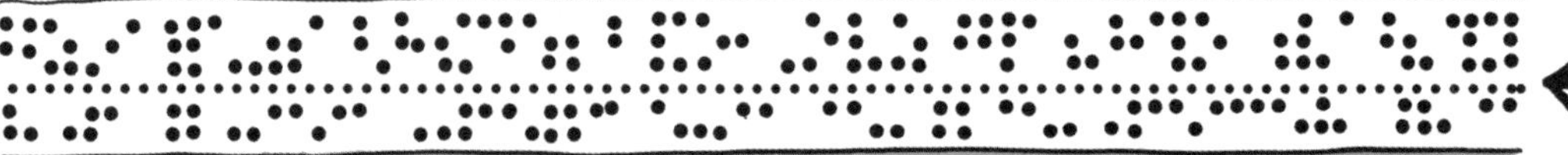

* 에니악 이전에 나온 연산 컴퓨터로, 프로그래밍이 가능한 세계 최초의 전자계산기다. —옮긴이

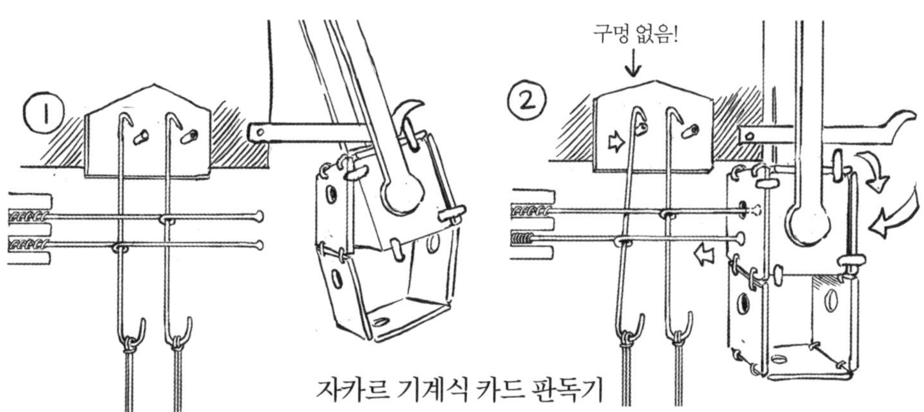

자카르 기계식 카드 판독기

최초의 천공카드 시스템은 자카르 직기였다. 배비지는 여기서 많은 영감을 얻었다. 원리는 단순하고 기발하다. 천공카드를 운반하는 암이 아래로 내려와 수평으로 있는 핀의 머리에 대고 카드를 누른다. 만약 구멍이 있으면 핀은 제자리에 그대로 있고 구멍이 없으면, 카드가 핀을 용수철 뒤쪽으로 밀어 갈고리가 못 쪽으로 기울어진다. 못을 들어 올리면 오직 기울어진 갈고리만이 못과 함께 운반되어 아래 놓인 천의 날실을 들어올린다.

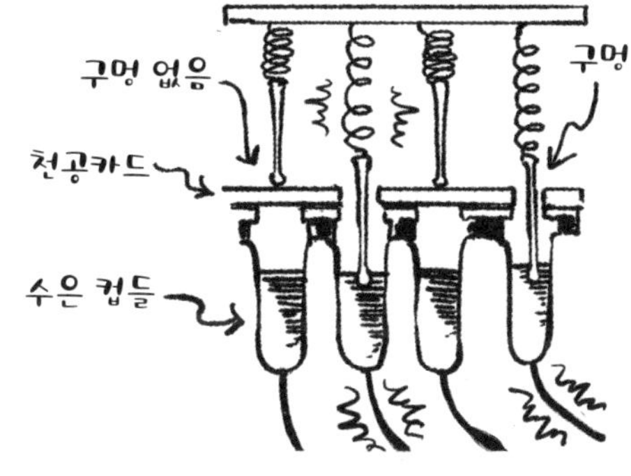

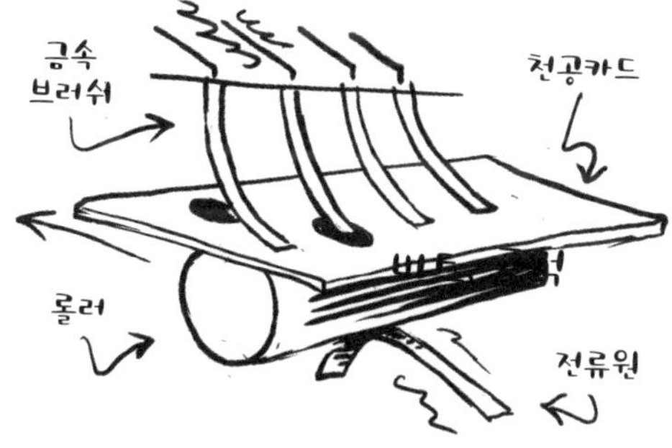

전기 카드 판독기

자카르 이후에 나온 정보 저장 카드는 허만 홀러리스가 1890년대의 미국 인구조사 결과를 산출하기 위해 사용한 카드다.

조사에 응한 6300만 명의 사람들 각각에 대한 정보 중, 연령 및 인종과 그 외 통계학자의 다른 관심사들은 인구조사 카드의 선택된 지점에 구멍을 뚫어 부호화한다. 일련의 핀이 이 카드를 판독한다. 만약 핀이 구멍과 만나면 수은 컵 속으로 떨어져서 회로가 닫혀 전기 펄스를 전선 아래로 보내어 계수 프로그램을 작동시킨다.

홀러리스의 회사는 결국 아이비엠이 되었다. 훗날 1960년대의 아이비엠 카드 판독기는 카드가 롤러 위를 지나가는 동안 금속 '브러쉬'를 사용하여 카드 표면을 훑었다. 갈래가 구멍과 만나면 금속 롤러와 접촉하여 잠시 동안 회로가 닫힌다. 이 판독기는 1초에 16개의 카드들을 조사할 수 있었다.

광학 카드 판독기

1943년에 만들어진 영국의 암호 해독 콜로서스 컴퓨터는 필름 영사기를 연상시키는 장치를 통해 1초에 독일의 암호화된 메시지를 5,000줄 읽는다. 5비트 보도부호Baudot code가 적힌 수신용 테이프에 뚫린 구멍들을 통해 비치는 빛이 광전지를 활성화시켰다. 가운데 아래쪽에 있는 점들은 한 줄을 다음 줄과 분리하기 위한 '클럭펄스'(clock pulse, 1초당 중앙처리장치 내부에서 처리되는 작업의 단계수를 헤르츠로 나타낸 것—옮긴이)다.

콜로서스는 전쟁이 끝난 후 파괴되었고 1970년대까지 기밀사항이었다.

로직과 루프

이 모든 기어와 카드가 최신 기술로 만든 것이라도 아직은 해석기관이 컴퓨터가 되지는 못한다. 해석기관은 십진수 연산을 수행하는 기계이나 자동식은 아니니다. 해석기관을 컴퓨터로 만들어주는 것은 수 톤에 이르는 이 거대한 기계에서 겨우 몇십 그램일 뿐인 작은 기계장치 한 개, 조건부 암conditional arm이다.

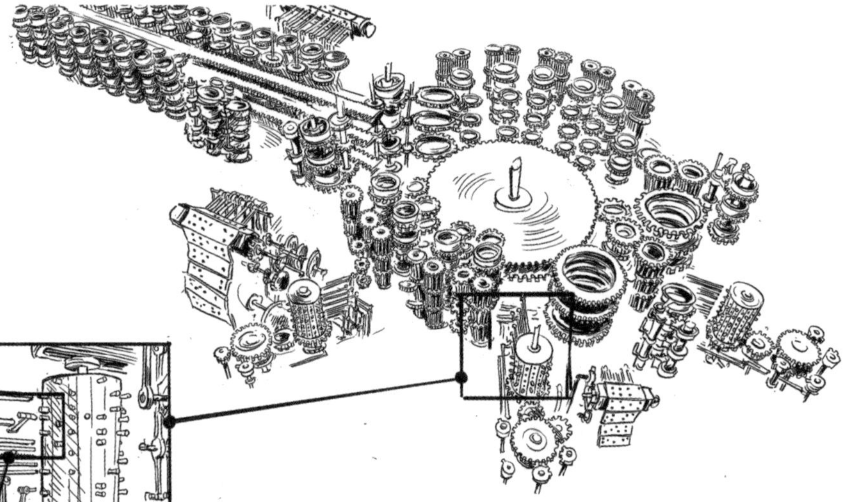

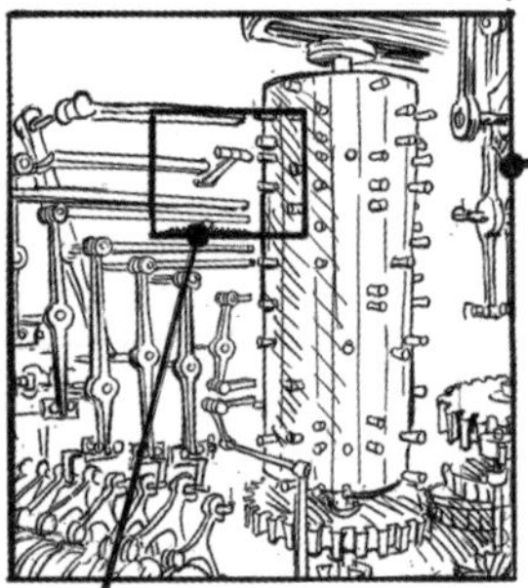

만약 계산을 통해 프로그램 작용이 더 필요한 결과가 나오면 이 암이 자동으로 아래로 내려온다. 만약 암이 내려오고 프로그램이 못을 배럴 안 제자리에 준비시키면, 해석기관이 새로운 사이클을 거치도록 레버가 촉발한다.

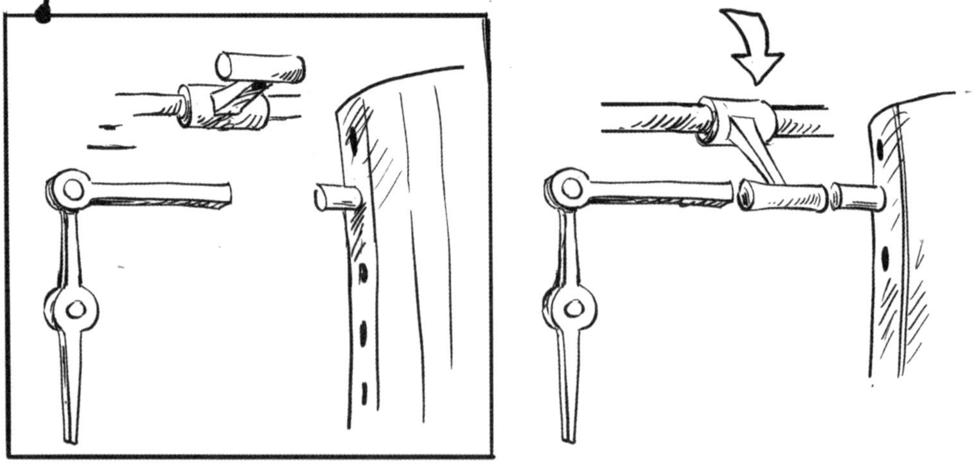

조건부 암은 우리가 현재 '논리 게이트'라고 부르는 것의 한 형태다. 논리 게이트는 정보를 가져가 새로운 정보로 변형하거나 결합하는 구조를 말한다. 암은 현대 컴퓨터 조작에서 AND 게이트(앞서 불 씨와 함께 만났던)와 상당히 비슷하게 작용한다. 회로도에서는 이렇게 표시된다.

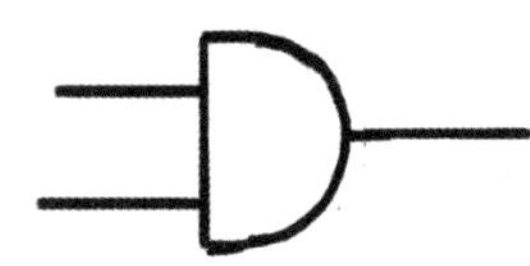

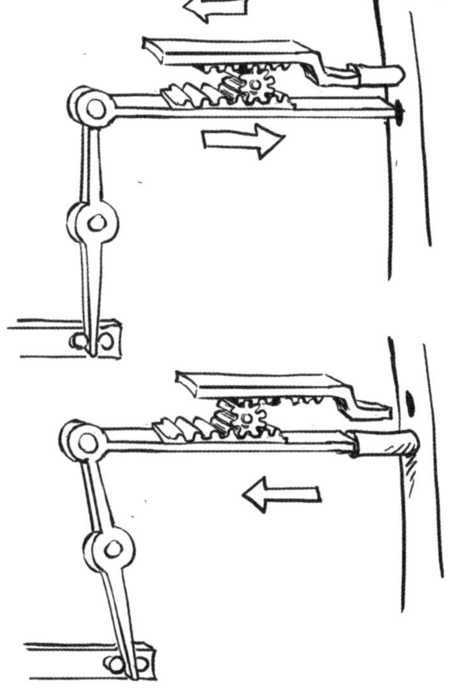

배비지는 레버를 떼는 데 쓰이는 현대의 논리 게이트와 비슷한 다른 기발한 작은 기계장치(NOT 게이트 혹은 인버터) 역시 갖고 있었다.

회로도에서 인버터는 이렇게 표시된다.

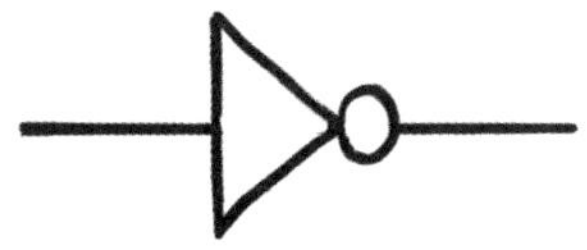

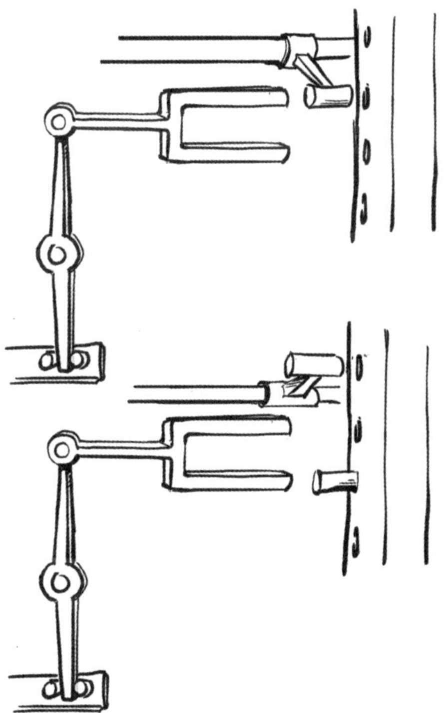

그 외에도 현대적인 논리 게이트가 하나 더 있다. OR 게이트가 그것이다. 나는 해석기관에서 그것을 발견할 수 없었지만, 그 안에서 많은 일들이 진행되므로 당연히 그것이 쓰이는 경우도 있을 터다. 그것은 이렇게 만들 수도 있다. 배럴에 못이 있다면 또는 기계에 의해 암이 낮춰진다면(혹은 둘 다라면), 레버가 눌릴 것이다.

회로도에서 OR 게이트는 아래와 같다.

조건부 암은 기관이 “자기 꼬리를 잘라 먹는” 루프를 폐쇄한다.

카드는 배럴을 통제하고 배럴은 기관을 통제하며 기관은 배럴을 통제하고 배럴은 카드를 통제한다.

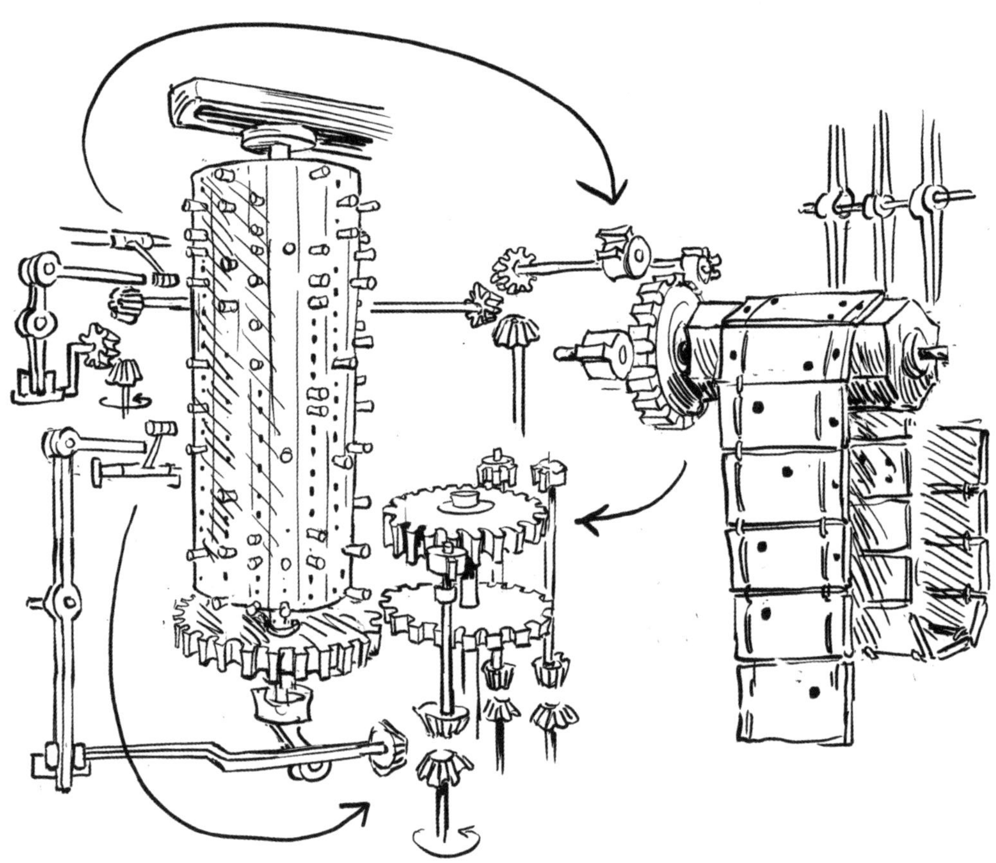

제작장치에서 온 피드백은 배럴이나 명령카드를 통제한다. 일례로 특정한 결과를 얻을 때까지 일련의 카드들이 루프 속에서 반복되고 다른 종류의 결과가 얻어지면 카드의 다른 부분으로 건너뛰도록 요구하는 경우를 들 수 있다. 실수 없이 프로그램을 하고 충분한 시간만 주어진다면 해석기관은 무엇이든 산출할 수 있다.

이 모든 구조와 원리는 오직 배비지가 남긴 수천 개 도해 속에서만 존재한다. 그는 소프트웨어는 러브레이스(와 몇 해 동안 그의 다른 조수들 몇 명)에게 맡겨둔 채, 그 부분에는 거의 관심을 기울이지 않은 것처럼 보였다. 프로그램은 러브레이스의 논문에 흩어져 있는 것들이 거의 전부다. 컴퓨터로서 해석기관은 느렸을 것이다. 두 수를 곱하는 데 3분 가까이 걸렸을 듯하다. 또 해석기관은 자신의 아주 작은 부분이라도 조율되지 않으면 즉시 멈추도록 설계되어 있어서 이 모든 성가신 작은 장치들이 매번 계산을 할 때마다 작동이 멈췄을 가능성이 크다.

배비지가 차분기관이 자신의 꼬리를 잘라먹도록 만들자고 처음 생각해내고 러브레이스가 이 기계는 숫자의 영역을 벗어나 기호를 다룰 수 있다고 제안하고서 거의 백 년이 흐른 뒤, 앨런 튜링이라는 수학자가 다른 상상의 기계인 '유니버설 컴퓨터'를 묘사했다. 튜링은 배비지가 너무나 많은 시간을 소비했던 공학과 하드웨어적 세부사항들로 걱정하지 않았다. 대신 컴퓨터의 정신적 형태인 추상적이고 형체가 없는 도구를 상상했다. 튜링의 유니버설 머신은 자료를 '읽고' '쓰는' 방법과 자료를 저장 체계 안팎으로 이동하는 방법, 컴퓨터가 스스로에게 지시할 수 있는 기호 코드를 갖고 있었다. 튜링 머신은 여전히 모든 컴퓨터들을 비교하고 평가하는 기준이다. 그리고 이 기준에서 보면 해석기관은 최초의 컴퓨터다.

톱니와 레버보다는 진공관과 트랜지스터가 1940년대와 1950년대의 도구들이었다. 그래서 컴퓨터 조작은 놋쇠와 증기로 이루어진 실제적인 것이기보다는 전선과 전기로 이루어진 비현실적이고 실체가 없는 물체로 태어났다. 어쩌면 우리 모두가 컴퓨터를 조금 더 따뜻하게 느꼈다면 그들이 열차처럼 씩씩거리고 덜컹거리며 이 세계에 나타났을 수도 있지 않을까? 안타까운 일이라고 나는 생각한다.

에필로그

얼마나 멋진 장소인지…
이건 모든 기구들 중에 최고야!
하지만 뭔가
빠진 것 같아 보여….

난 이걸 결코
완성하지 못했지.

같은 일을 훨씬 효과적으로
수행하는 다른 방법이 떠올랐거든.

빠져나오지
못하는 것 같네요.
그건 일시적인
후퇴야!
도와드릴게요!
사실, 더 나은
아이디어가 떠올랐어.
지난번보다 훨씬 더 나은
아이디어라서 대신 거기에 집중했지!
펑!
당신의 증기 말에
무슨 일이 생긴 거죠?
아! 글쎄….

개선 사항을
몇 가지 떠올렸소.
그래서 분해하려고 하자…
달아나버렸지!

우리 계속 함께할까요?
우린 탐구할 수 있어요!
여기에 회사를
차려도 좋을 거요.

이상하군,
대부분 사람들은
이 장소를 좋아하지 않소!
저는 이곳이
아름답다고 생각해요!
마음이 아주 편안해요.

이 글 도처에서 언급한 주요 자료와
미처 다루지 못한 훨씬 더 많은 자료,
그리고 산발적으로 등장하는 러브레이스와 배비지의 만화,
횡설수설한 글에 접속하려면
2dgoggles.com을 방문하라.